Ⓢ新潮新書

池谷裕二
IKEGAYA Yuji

すごい科学論文

JN152651

1084

新潮社

はじめに

このたび、『すごい科学論文』という、研究者としては少々大胆なタイトルの本を上梓することになりました。しかし、どうかご安心ください。本書を読み終えた暁には、このタイトルにもご納得いただけると確信しています。

本書は、私が最新の科学論文の中から「これは！」と唸ったものを厳選し、独自の解釈を交えながら紹介する一冊です。私は研究の傍ら、論文に目を通すことを日課（＝日々の楽しみ）としており、毎日少なくとも100本、多い日には500本、年間では延べ5万本の論文に接しています。まるで図書館に住み着いているようですが、それほどまでに論文の世界は奥深く、魅力に満ちているのです。そんな論文の大海原から、ダイヤモンドのように光り輝く「すごい科学論文」を見つけ出し、皆様と共有したいという思いが、本書を執筆する原動力となっています。

なぜ、このような原動力が生まれるのか。それは、私が現役の研究者であるからです。研究者は常に最新の情報にアンテナを張り巡らせ、未開の領域に挑み続けています。漁師が鮮度抜群の魚を獲ってくるように、研究者もまた、最先端の知見をいち早く捉えることが大切で、そしてまた、それが生きがいにもなっています。

＊

本書の成立には、ちょっとしたストーリーがあります。この本は週刊誌での連載エッセイをまとめたものです。もともと「週刊朝日」で10年以上にわたり連載を続けてきましたが、同誌が2023年5月をもって101年の歴史に幕を下ろすことになり、私の連載も終了となりました。まさに青天の霹靂。と思いきや、間髪を入れずに「週刊新潮」から新連載の機会をいただくことができました。拾う神あり。この幸運に心から感謝しています。

連載の媒体が変わったこと、そして私自身の年齢的な変化も影響しているのか、執筆スタイルにも変化が見られるようになりました。以前は脳研究者として神経科学のトピックを中心に扱っていましたが、新連載では、科学全般に視野を広げ、多様なテーマを取り上げています。これが思いのほか面白く、自分自身でも新たな発見の連続でした。書籍化にあたり改めて全連載を読み返しましたが、生命の神秘から最新テクノロジーや考古学の謎まで、我ながら驚くほどバラエティに富んだ内容で、まるで万華鏡を覗いているかのようです。科学は常に、私たちの世界観を揺さぶり、新たな視点を提供してくれます。ときに私たちがより良く生きるためのヒントも与えてくれます。

＊

本書の完成には、多くの方々のご尽力がありました。編集を担当してくださった金寿煥さんには、的確なご指摘と温かい励ましをいただきました。心より感謝申し上げます。連載エッセイの担当者である市川和也さんには、いつも私の自由な発想を尊重していただきました。深く感謝いたします。そして、連載の開始を後押しし、本書の出版へと導いてくださった中瀬ゆかりさんの存在なくして、この本は世に出ることはなかったでしょう。重ねて御礼申し上げます。

さて、知的好奇心の扉を開き、科学の驚異と感動に満ちた世界へ、共に旅立ちましょう。すごい科学論文が毎日のように量産されていることにワクワクするはずです。

2025年3月

池谷裕二

すごい科学論文

目次

第三章　最先端科学の意外な発見！　83

第四章 「定説」を疑え! 127

第五章 幸福へのカギ 161

第六章　究極の思考実験　205

第一章　長寿のヒント

1.「アルツハイマー病」治療薬の先行き

今回は初回ですので、薬の話をしましょう。脳の薬です。いまホットなトピックは、なんといってもアルツハイマー病の治療薬です。日本では、これまで4種類のアルツハイマー病の治療薬が承認され、臨床で広く使用されています。しかし、これらの薬は症状を緩和するものの、病気を治す効果はありません。

風邪薬を想像すればわかりやすいでしょう。市販の感冒薬には熱や咳《せき》の症状を和らげる作用はありますが、病原体を取り除く効果はありません。症状を和らげている間に、当人の回復力で風邪から立ち直ることを期待する対症療法です。これと同じで、アルツハイマー病の薬に病気の原因を取り除く効果はありません。

ただし、風邪薬に喩えるのは誤解を招くかもしれません。アルツハイマー病はアミロイドβ《ベータ》という神経毒が脳に溜まることで生じる認知症です。実は、脳はアミロイドβを排除することができません。自力で回復できないのです。これが風邪との決定的な違いです。症状を和らげたところで焼け石に水。一度発症してしまったら、脳は病気の進行を止められないのです。

そんな中、アミロイドβを取り除く新たな治療法が期待を集めています。アミロイドβに対する抗体を投与することで、脳のアミロイドβを減らし、病気の進行を食い止めるのです。アメリカでは、まずアデュカヌマブやレカネマブといったアミロイドβ抗体薬が承認されました。さらに、ドナネマブというより強力な薬も開発され、その後、承認されています。

日本でのアミロイドβ抗体薬は、アメリカよりも2年遅れ、2023年にようやく承認されました。高齢化著しい日本でこそアルツハイマー病の新薬を望む声は多かったはずですが、どうしても医薬品の承認は日本は遅れる傾向があります。

とはいえ、この承認は、ある意味で快挙。これを契機に、2024年にはドナネマブも承認され、現在も類似の薬が臨床試験の真っ最中です。

しかし、本当に手放しで喜んでよいかは難しいところです。歓迎する人が多いことを承知のうえで、あえて懸念点を3つ挙げます。

① 多くの方が長期使用するため医療費高騰に拍車がかかる可能性がある
② 日本の医薬体制で必要な患者にきちんと届けられるかが不透明
③ 効果が不十分

③は看過できません。レカネマブは認知症の進行を27パーセント遅らせるのみで、アメリカでの承認の際も賛否両論でした。治療によって脳内のアミロイドβはたしかに減るのですが、期待したほど効果が得られていません。

この残念な事実から、一部の専門家は「アルツハイマー病の主要な原因はアミロイドβ以外にあるかもしれず、治療開発戦略を根本的に見直すべきだ」と疑う人もいます[*1]。だとしたら、すべてが振り出しに戻ります。アルツハイマー治療薬の開発は重要な岐路にあると言ってよいでしょう。

2．AIが見抜く「未来の遺伝疾患」

人類はこれまでさまざまな病気に悩まされてきました。がんや糖尿病のように現代でも猛威を振るい続ける病気もありますが、根絶された天然痘や、今ではほぼ発生しない脚気《かっけ》のような古《いにしえ》の病気、逆に新型コロナウイルス感染症や公害関連疾患のように新たに出現する病気もあります。

このような栄枯盛衰は、取りも直さず、私たちの未来にまだ見ぬ病気が待ち構えていることを意味します。人類は将来どんな病気に悩まされるのでしょうか。

グーグル・ディープマインド社のアヴセック博士らが２０２３年９月、「サイエンス」誌に発表した論文を紹介しましょう。[*2]「未来の疾患」とは異なる文脈ながら示唆に富む知見を提供してくれます。

アヴセック博士らは2018年に発表された「アルファフォールド」と呼ばれるAIの改良を進めています。アルファフォールドはタンパク質の「形状」を推測するAIで、生物学研究に革命をもたらしました。2024年のノーベル化学賞を受賞していることからもわかるように、アルファフォールドの意義を解説するだけで本が一冊書けるほどなので深入りは避けますが、ここでは新薬の開発に役立つという話題にのみ触れます。

薬は、ほとんどの場合、生体内のタンパク質に作用します。つまり、タンパク質がどんな形をしているかがわかれば、これに結合する薬を分子レベルで設計できる可能性がでてくるのです。

タンパク質はアミノ酸が連なって伸びたものです。アルファフォールドは、アミノ酸がどのように並んでいるかという配列パターンから、タンパク質の形状を高精度に予測します。グーグル社は計算能力にものを言わせ、現在知られているほぼすべてのタンパク質の形を予測し、全データをインターネット上に公開しています。

アミノ酸の配列はDNAにコードされています。これが重要です。つまり遺伝子さえわかれば、タンパク質の形がわかります。勘の鋭い方ならばもうおわかりでしょう。遺伝疾患はDNAの変異によって起こります。DNAが変化すると、これに対応するアミノ酸が入れ替わり、タンパク質が変形してしまうことがあります。これが遺伝疾患の原因となるのです。

つまり、アルファフォールドを用いれば、遺伝疾患を引き起こす「異常タンパク質」の形を見抜くことができます。それこそが今回のアヴセック博士らの研究です。この研究の見事なところは、遺伝子をつぶさに調べて、ＤＮＡ変異が起こりそうな箇所を洗い出し、その結果生じる異常タンパク質の形をすべて推定し切ったところです。その総数は7千万を超えます。このうち病気との関連が知られているのは、わずか数パーセントに留まります。残りは未知の変異です。

今回の調査では、全変異のうち57パーセントは良性で、32パーセントは疾患を引き起こす可能性が疑われました。これは「未来の遺伝病」といってよいものです。となれば、今のうちに薬を準備できる可能性も視野に入ります。

備えあれば憂いなし――。未来の医療はどう変わるでしょうか。

3. クジラとフクロウに学ぶ失明治療のヒント

子供の頃から理科好きな私でしたが、学校の理科室だけは、生理的に反《そ》りが合わず、そこはかとない気色悪さを感じていました。一歩足を踏み入れれば、背が高い、あの不気味な骸骨の全身模型が睨みつけてきます。DNAの分子模型も、二重螺旋の造形美を愛でる以前に、奇怪なエイリアンの宇宙ステーションに見えました。

そんなまがまがしい理科室の中でとりわけ印象深かったのは、コウモリの骨標本です。魚の小骨のように美しい弧を描く骨が整然と並び全身が形作られています。これを見ると「ヒトと似ている」と不思議な気持ちになったものです。コウモリは子供の目にはトリです。なにせ空を飛ぶのですから。ところが標本を眺めれば、手足には5本の指を備え、口には歯が生え、トリとは似つかない姿をしています。

「なるほど！　やはり哺乳類なのか」

薄暗い理科室に明るい閃光が差し込むように、脳内の視界が開けました。

トリとコウモリは進化的には別系統です。しかし、どちらも翼を持ち、空を飛びます。このように縁遠い生物種が同じような機能を発達させることを「収斂進化《しゅうれん》」と言います。収斂進化は、その機能の生物学的な重要性を物語っています。

そうした収斂進化の新しい例が報告されました。ヴァンダービルト大学のカスティリオーネ博士らが２０２３年11月の「カレントバイオロジー」誌に発表した論文です。*3

この論文では、フクロウと深海クジラを比較しています。どちらも暗所で活動する動物で、目が良いことが知られています。微弱な光でも反応できるよう網膜が鋭敏化されているのです。ここまで光に敏感になると、逆に困るのが、突然の明光です。私たちも夜闇に慣れたところで閃光に照らされると、眩しくて目を開けていられません。不快なだけでなく、網膜を物理的に痛めてしまい、ときに失明の原因にもなります。

フクロウも深海クジラも暗がりで生活するがゆえに、失明の可能性と隣り合わせです。この危険に対処するために、両者はそれぞれ独自に防衛手段を発達させました。驚いたことに、それが完全に同一の方法だったのです。

専門的な説明になりますが、ポイントはビタミンAにあります。ビタミンAは網膜センサーであるロドプシンというタンパク質と一緒に働く大切な分子です。しかし強い光が入るとロドプシンから離れてしまい、網膜が傷ついてしまいます。このビタミンAの解離を抑止する分子がアレスチンです。フクロウも深海クジラもまったく同じ方法でアレスチンの機能を増強し、強い光から網膜を保護していたのです。

3億年の進化的分岐を経て機能的に収束したことは、眼球の光防御の方法として生物学的に理にかなっている証拠。博士らは「失明の治療に向けたヒントになる」と述べています。未来の医療戦略への光明となるでしょうか。

4．「麻酔」は意識の謎に迫るカギ

医療の進歩は目覚ましいものがあります。10年前は助からなかった命でも今ならば救うことができる病気は少なくありません。これは10年後についても同じことです。今はまだ回復の見込みの薄い疾患も簡単に治療できるようになるかもしれません。医学は劇的に変化するのです。

医学の進歩の中でも興味深いのが「麻酔」です。１００年前には、まだ麻酔はありませんでした。広い意味では、19世紀に欧米で用いられていたエーテルやクロロホルム、日本で開発された麻沸散《まふつさん》は、ともすれば麻酔と呼んでよさそうですが、現在から見れば危険極まりない代物で、私には到底「麻酔薬」には思えません。実際、当時も「完全な麻酔は実現不可能。夢の技術にすぎない」という考え方が一般的でした。

現在でも通用する麻酔薬であるハロタンが登場したのは１９５６年のこと。人類はごく最近まで、頭部を殴ったり頸部を絞めて気絶させたり、アルコールを飲ませて酩酊させたりして、手術を行っていたのです。

ちなみに、最後に発見された麻酔薬は1973年のプロポフォールです（注：ハロタンやベンゾジアゼピンの改良品はその後も開発されています）。これは奇妙なことです。人類は、わずか20年弱の間に、現在使われている麻酔薬を立て続けに発見し、それを今も使い続けているのです。

「真に新しい麻酔薬はもう開発されないだろう」と絶望視する製薬の専門家もいます。理由は、麻酔薬がなぜ効くのかがわからないからです。これまでに発見された麻酔薬の化学構造式を調べても、これといった共通点がなく、作用メカニズムを深掘りする手がかりがありません。科学の作法に則った合理的な新薬開発ができないのです。

そんな麻酔薬が、いま別の観点から注目され始めています。人間の本質に迫るツールになる可能性があるというのです。オックスフォード大学のルッピ博士は2024年4月、「ネイチャー人間行動」誌へのコメントで「麻酔薬は意識の解明に役立つかもしれない」と述べています。[*4]「麻酔」という単語は「感覚が麻痺して酩酊に似た状態になる」

という意味から生まれたのでしょう。その通り。麻酔薬を投与すると意識が消えます。意識障害の患者の脳の状態は、麻酔状態とそっくりです。つまり、麻酔の作用点を探究してゆけば、意識の謎に迫ることができる可能性があるのです。

意識は、誰もがそれとわかる身近な現象ですが、脳科学的には難物で、ほとんど解明されていません。脳研究の最後の謎になるかもしれないとも言われています。こうした暗中模索の中で、麻酔は研究者に示された数少ない糸口なのです。だからこそ、なおのこと、麻酔薬の作用メカニズムがわからないことがもどかしいのです。

医学は進歩します。10年後に、まったく新しい作用機序を持った麻酔薬が新規開発されている可能性もあります。「意識」の実態が解明される日が来るかもしれません。

5. オランウータンの塗り薬

薬学部を卒業し、また薬剤師の資格を持つ私にとって、薬師《やくし》如来《にょらい》は格別の存在です。薬師如来の仏像は、見ればすぐにそれとわかります。左手に薬壺《やっこ》を持っているからです。加えて日光菩薩《にっこうぼさつ》と月光菩薩《がっこう》という脇侍《きょうじ》が左右に控えています。これは象徴的です。当時の「薬師」は、太陽と月を脇に追いやり、その中心に居座るほど偉大だったのでしょうか。

かつて病気は、なぜ罹《かか》るのかがわからず理不尽で、とことん脅威だったことでしょう。こうした不明瞭な状況では、祈禱や念仏が重視されるのは自然なことですが、より確実な手段として「薬物治療」が神格化されたのならば、それも理解できないことではありません。

一方、この脇侍の由来を古代インドに求める説もあります。インド古典医学・アーユルヴェーダの書物『チャラカ・サンヒター』に収載された治療論に「薬は太陽の光で煎じ、月の光で冷ますことで効力が増す」とあります。もしかしたら薬師如来は太陽と月の力を借りて霊威を発揮したのかもしれません。

『チャラカ・サンヒター』は2000年以上前に著されたと考えられています。より古い時代の医学書としては、中国の『黄帝内経《こうていだいけい》』やエジプトの『エーベルス・パピルス』が有名です。5000年前の古代メソポタミアでは粘土板に薬研《やげん》が描かれ、薬草療法について記されています。ヒトが何千年にわたり薬を使ってきたことは明らかです。

では、人類はいつから薬を使っているのでしょう。文字が発明された時点で薬はありましたから、起源が有史以前に遡ることは確実です。ドイツ・マックスプランク研究所のラウマー博士らが、2024年5月の「サイエンティフィックレポート」誌で、スマトラ島の野生オランウータンが薬を使ったとの調査報告をまとめています。[*5]

ラクスと名付けられたオスのオランウータンが、ある日、顔に傷を負っていました。オス同士の闘争で負傷したのでしょうか。3日が経ち、傷口が化膿しはじめました。するとラクスは「アカルクニン」という植物の葉を噛み砕き、患部に塗ったのです。オランウータンはアカルクニンを食べることはほとんどありません。口に入れること自体、珍しいことです。ラクスは30分ほど丁寧に噛んでペースト状にしてから、7分かけて患部に塗り込みました。すると5日後に傷口は閉じ、1カ月後には完治しました。

アフリカではチンパンジーが駆虫薬として薬用植物を経口服用することが知られていますが、塗り薬としての利用を発見したのは、今回が初めてです。アカルクニンは、現地の人々は薬用植物として利用しています。オランウータンも薬効成分が含まれていることを知っているのでしょうか。

「薬」の語源は諸説あります。「草《くさ》」は有力な説の一つですが、「奇《くす》し」とする説もあります。薬の起源には、薬師如来も驚くような動物たちの「奇」跡的な行動が関係しているのかもしれません。

6. 人生に訪れる「二大老化期」

幼い頃から「老人を敬いましょう」と幾度となく言われてきました。高齢者への尊敬の気持ちを忘れないために、年に一度、国民の祝日として「敬老の日」が設置されているのだ——と。

こうした大人たちのありきたりな説明に妙な違和感を覚えたものです。わざわざ「敬老の日」を設けること自体、「老人は疎まれた存在」というアンチメッセージにもなり得るからです。清少納言は、男性はもちろんウマにも相手にされないほど老いた自分を嘆き、「駒すらにすさめぬ程に老いぬれば何のあやめも知られやはする」と詠んでいます。

老化に関する最近の論文を2つ紹介しましょう。どちらも身体の「老化度」を分子レベルで調べた研究です。意外に思われるかもしれませんが、老化を正確に測定する方法はありません。つまり、現在の生物学では老化を厳密に定義することができないのです。

オックスフォード大学のアージェンティエリ博士らは、血液中のタンパク質に着目し、イギリスのバイオバンクに保管されている約4万5千人の血液から集めた204種類のタンパク質を解析。その結果が2024年8月「ネイチャー・メディスン」誌に発表されました。*6 解析の結果、タンパク質の増減から余命や骨密度、肺機能、握力等の年齢による変化に至るまで、高い精度で的中できることがわかりました。

さらに深掘りしたところ、204種すべてを調べる必要はなく、信頼のおける上位20個のタンパク質を検査するだけでも十分な精度が得られました。つまり将来、ごく簡便な血液検査で老化度を調べられるかもしれないわけです。となれば「アンチエイジング」と宣伝されている食品やサプリメントが本当に効いているのかを科学的に検証できそうです。

2つ目の論文は、同月の「ネイチャーエイジング」誌に発表されたスタンフォード大学のスナイダー博士らによるもので、より確実に調べるために、タンパク質のみならず、脂質や代謝物、RNA、免疫因子など、多くの指標を用いました。*7 また血液だけでなく、便や皮膚、口腔、鼻腔、腸内細菌まで全身を網羅的に調べあげています。

解析の結果、老化は徐々に進むのではなく、ステップ式に進むことがわかりました。老化が突如進む「加速期」と、それほど老化が進まない「停止期」が交互に訪れるのです。平均すると44歳と60歳頃が一気に老け込む時期になります。子供の成長期における第一次性徴と第二次性徴のように、老年期にも「二大老化期」があるわけです。言い換えると、老化はプログラムされた自然現象の一部ということでもあります。

でも待ってください。身体の老化は、精神の老化とは異なるものです。吉田兼好の『徒然草』には「老いて、智の、若きにまされる事、若くして、かたちの、老いたるにまさされるが如し」とあります。「敬老」とは、老人を敬うだけでなく、自分の老いを肯定するためのポジティブな応援歌ではないかと感じるこの頃です。

7. 認知症リスクを下げる「抗炎症食」

「抗炎症食」という言葉をご存知でしょうか。
文字通り、アレルギーなどの炎症反応を生じさせにくい食物のことです。喘息《ぜんそく》や皮膚炎、関節リウマチなどの炎症性の疾患を持っている方は、普段から食事のメニューに気をつけていることでしょう。しかし、たとえアレルギー体質でなかったとしても、抗炎症食は健康によいと、いま注目を集めています。なぜなら、多くの疾患は、結局のところ、炎症に帰着するからです。

たとえば、動脈硬化や心筋梗塞《こうそく》では血管壁に炎症が生じます。これが症状の進行を早めます。糖尿病や肥満や腎機能障害などの代謝性疾患も、慢性的な炎症が病態の進行に関与します。さらに、がんの発生や進行にも炎症反応や免疫細胞の働きが深く関わっています。

意外なところでは、うつ病や統合失調症などの精神疾患、さらには自閉症スペクトラム障害などの発達障害が挙げられます。いずれも脳内の炎症反応が症状の発現や進行に関与していることが指摘されています。

こうした「隠れ炎症性疾患」の最たる例がアルツハイマー型認知症でしょう。アルツハイマー型認知症は、従来は炎症とは無関係だと考えられていましたが、近年の研究から、アミロイドβというタンパク質の脳内蓄積によってミクログリア（脳の免疫細胞）が活性化して炎症を引き起こし、神経細胞が損傷することが発症の原因であると明らかになっています。

カロリンスカ研究所のダヴ博士らが２０２４年8月の「ＪＡＭＡネットワークオープン」誌に発表した論文を紹介しましょう[*8]。ここでは、約8万5千人の高齢者を対象に、抗炎症食と認知症リスクの関係を、12年以上にわたって追跡調査しています。調査期間中に約2パーセントの方が認知症を発症しました。

解析の結果は予想通りで、抗炎症食を心がけている方は認知症を発症しにくいことがわかりました。とくに、肥満、高血圧、糖尿病、高脂血症などの持病のある方で効果が顕著でした。もともと心代謝性疾患は、認知症リスクを2・4倍に増やします。心代謝性疾患も認知症もともに炎症性疾患ですから、リスクに相乗効果をもたらすのは当然のことです。しかし今回の調査から、抗炎症食を続ければ、心代謝性疾患によるリスク増加を1・7倍にまで抑えられることが明らかになりました。認知症リスクが約3割下がる計算です。

論文では、脳のMRI検査でも効果を調べています。抗炎症食をよく取る人は、神経細胞が存在する灰白質の容積が大きく、また、神経線維が分布する白質の異常が少ないことが確認されました。

気になる抗炎症食の中身ですが、一般的には、イワシやマグロなどのオメガ3脂肪酸を豊富に含む魚、レンズ豆やヒヨコ豆などの豆類、ブルーベリーやリンゴなどの果物、ブロッコリーやほうれん草などの葉野菜、玄米やオートミールなどの全粒穀物、アーモンドやくるみなどのナッツ、そして良質な脂肪としてエクストラバージンオリーブオイルなどが挙げられるそうです。

8. アルツハイマーを防ぐ物質「コリン」

細胞は薄い細胞膜で囲まれています。この膜を隔てて、「細胞内部」という、外側とは異なる独特な環境を作り上げています。細胞膜は地球上のすべての生物に共通している特徴で、しばしば生物の定義の一つとして取り上げられるほど重要な要素です。

細胞膜の主成分は「リン脂質」です。言ってみればレンガのようなものです。レンガを集めて建屋の壁を作るように、細胞もリン脂質を集めて細胞膜を作ります。一つの細胞に10億個ものリン脂質が用いられます。

リン脂質の約半数は「ホスファチジルコリン」という分子です。これはコリンや脂肪酸やグリセロールなどの素材分子から体の中で合成されます。この合成経路は発見者の名前をとって「ケネディ経路」と呼ばれています。

ホスファチジルコリンの材料のうち、鍵を握るのはコリンです。コリンは、ほかの材料と違って体内で合成できないため、食べ物から摂る必要があります。

健康によい食事メニューとして、タンパク質やブドウ糖や脂肪、あるいはビタミンやカルシウムなどを意識することはあっても、コリンを意識する方は少ないでしょう。しかし、コリンを摂取しないことは、細胞膜が作られないことと同義です。

コリンは特殊なサプリメントで摂取する必要はありません。身近な食材に含まれています。卵や魚、ブロッコリーなどは豊富にコリンを含んでいますから、適度な摂取で必要な量を補うことができます。ただし乳児期や妊娠中には通常よりも多くのコリンが必要です。なにせ細胞が爆発的に増殖する時期ですから、コリンを大量に消費するのです。

コリンは脳内では「アセチルコリン」の材料となります。アセチルコリンは脳を代表する神経伝達物質です。アセチルコリンが増えれば記憶や学習の能力が高まりますし、減れば認知能力が低下します。またアルツハイマー型認知症では、アセチルコリンの神経細胞がまっさきに脱落します。だから、物忘れや失語などの症状が出るのです。実際、普段からコリンを十分に補給しておくことがアルツハイマー病の予防に効果があり、また、仮に発症しても症状が軽くなることが、動物実験によって示されています。[*9]

２０２４年5月の「ネイチャー」誌には、脳がどのようにコリンを取り込むかという分子メカニズムを明らかにする論文が発表されました。[*10] 脳には「血液脳関門」があり、有害な物質の侵入を防いでいます。しかし、コリンを含む、必要な栄養素の運搬もブロックしてしまいます。コリンは、このバリアを通過するために、ＦＬＶＣＲ２という特殊な輸送ポンプを利用しています。そのポンプの構造が分子レベルで解明されたのです。

朝食に並ぶ目玉焼きや焼き魚——。日常的な食卓だと思っていたものが、実は脳を支える大切な要素で、その一口が脳にどれほど大きな影響を与えているかと考えると、なんだか料理の味まで変ってきそうです。

9.「ガンマ波」がアルツハイマー病を防ぐ

アルツハイマー病は、誰にとっても不安の種です。日本人の生涯罹患率（最終的にアルツハイマー病を発症する確率）は、女性で42パーセント、男性で20パーセント。この数値を見て「なんだ半分以下か。罹らない人のほうが多いんだ」と感じた方は健全な心の持ち主。

そしてアルツハイマー病は、その多くが孤発性。つまり遺伝的要因によらないもので、運命の悪戯のように忍び寄ってきます。発症すれば、介護する周囲の人たちに大きな負担がかかりますが、患者本人は自分自身が介護されていると自覚することさえ困難になります。

日本では、2023年以降2つのアルツハイマー病の新薬が承認されました。治療効果が認められているとはいえ、どちらも完璧ではありません。神経細胞の死滅が病因ですから、発症してしまうと後戻りが難しいのです。

そんなアルツハイマー病ですが、いま新たな光に注目が集まっています。文字通り「光」です。光と音のパルス（波形の刺激）が出るヘッドセットをかぶるだけで認知機能の低下を防げるというのです。まるで魔法のような話ですが、マサチューセッツ工科大学の蔡立慧博士らが真剣に取りくむ研究です。

治療の鍵を握るのは、ガンマ波と呼ばれる約40Ｈｚの脳波。ガンマ波は、注意力や記憶力など、高度な認知機能に重要な役割を果たしています。アルツハイマー病患者はガンマ波が弱まっているので、蔡博士らは「ならばガンマ波を増やせばよい」と、脳の外部から光と音の40Ｈｚ刺激を与えることにしたのです。理屈には合っていますが、着眼点が幼稚すぎて、普通の研究者だったら試みようとすらしないでしょう。

ところが、このアプローチが功を奏します。ネズミに刺激を与え続けると、脳内のガンマ波の発生が促進されました。そしてアミロイドβというアルツハイマー病の原因物質の蓄積が抑えられ、認知機能は健康なレベルに保たれたのです。[*11]

そこで博士らは、40Ｈｚの光と音を発するヒト用のヘッドセットをデザインし、アルツハイマー病患者で試しました。すると、脳の萎縮と認知機能の低下が抑制された症例があったのです。現在、治験規模を拡大して、600人以上の患者を対象に有効性を確認しています。

まるでモーツァルトを聴かせて植物の成長を促進させるようなもので、専門家の間では「都合がよすぎる」「こんな虫のいい話があるのか」との懐疑的な見方もあります。

しかし産業界では、この流れを受けて40Hz刺激装置が続々と市販されています。日本でも大手企業の塩野義製薬などが開発したガンマ波サウンド装置が販売されています。いずれも医療機器として承認されたものではありませんので、実際の効果については慎重に検証すべきです。

とはいえ、お手軽な装置なので、仮に「おまじない」と変わらないレベルであったとしても、試してみたいと思うのは私だけでしょうか。

第二章　生物のふしぎ

1.「母乳」は生物界の大発明

今回はおっぱいの話題です。私たち哺乳類は、その名の通り、例外なく母乳で育仔《いくし》をします。なかでもヒトのおっぱいはユニークで、乳房があります。ほとんどの種には乳房がなく、あっても育児の時にのみ発達します。ヒトの女性は乳汁を出さない時でも、常におっぱいが膨らんでいます。正確な理由は不明ですが、妊娠可能な状態であることを異性に知らせるシグナルだろうと考えられています。

多くの哺乳類のメスは性器を膨潤《ぼうじゅん》させて発情をアピールします。ヒトは二足歩行を始めたため、残念ながら、この手段を使えません。逆におっぱいが目立つ位置へと躍り出て、セックスシンボルへと変貌を遂げました。それ故に単純な男たちは常に煩悩の虜になります。

ところで、母乳はなんのために出るのでしょうか。多くの方は「乳児に栄養を与えるため」と答えるでしょう。しかし進化的に見れば、必ずしも栄養を目的としておっぱいを発達させたわけではありません。初期の哺乳類はカモノハシやハリモグラのように、卵を産んでいました。鳥類を見ればよくわかります。卵には栄養がたっぷり蓄えられていますし、生後も親がエサを与えてくれますから、母乳は不要です。ではなぜ、おっぱいができたのでしょう。

ヒントは「体温」です。当時の哺乳類の多くは小型で弱者です。恐竜などの捕食者から逃れるために夜行性でした。夜は冷えます。変温動物たちの活動が鈍る時間帯に活動するために、恒温動物へと進化しました。

とはいえ、恒温性には欠点があります。体温を維持するために大量のエネルギーを必要とします。燃費が悪いのです。しかもオーバーヒートに備えて、「汗腺」という冷却装置も発達させねばなりません。また、体温が高いと細菌が繁殖しやすくなります。感染症を予防するために、汗に抗菌成分を混ぜて分泌することで対処しました。

卵生の大きな問題は、卵を保温しなくてはならないことです。卵には発熱器官がありません。放置したら冷えて死んでしまいます。抱卵《ほうらん》は卵生の恒温動物の義務です。初期の哺乳類の親は卵を自分の体で温めて、ついでに体から滲み出た抗菌汗で卵を消毒していました。

孵《かえ》った仔も、母親の汗を舐めて雑菌から身を守ります。これが母乳の起源です。乳腺は汗腺が進化したものです。[*12] そのうちに母親は汗に栄養分を混ぜることを発明します。天候などの要因でエサが取れない日でも、母親が体に蓄えた栄養を分与できるため、栄養供給が安定します。母乳は生物界の大発明と言ってよいでしょう。

のちに哺乳類は卵を体内で孵してから出産する「胎生」へと進化し、加えて「乳首」も発明します。乳首は母乳を与えるうえで効果的ですが、同時に、乳首を吸うために必要だったものが「唇」。カモノハシの口では吸うことができません。

母乳、胎生、乳首、唇——。これで現在の哺乳類が完成です。ちなみにヒトでは、唇もまたセックスシンボルとして機能しています。男の煩悩はますます刺激される一方です。

2.「一味違う」タコの足の秘密

ヒトの手は味わい深い作りをしています。とりわけ親指の向きは奇抜で、手で物を摑むとほかの4本と向かい合わせになります。一方、足の指はすべて同じほうを向いています。親指の対向性は霊長類だけに、ヒトでは手だけに見られる特徴で、いわば「奇形」です。

言うまでもなく、この奇形によって、親指の腹をほかの指の腹と密着させることができます。つまり、指先で「つまむ」ことが可能になります。ヒトが殊のほか器用なのは、この珍妙にして不格好な親指のおかげです。ところが残念なことに、それほど器用な指を得られたのに、多くのヒトにはなぜか「利き手」があります。器用なのは一方の手だけで、もう一方の親指が宝の持ち腐れです。

利き手があるのは珍しいことではありません。イヌやネズミにも利き手があり、なんとタコには「利き足」があります。タコの8本の足は等価ではなく、通常使う足はだいたい決まっています。

タコの足は、ヒトの手に劣らず、味わい深い作りをしています。よく「タコには脳が9個ある」と言われます。頭部には中枢部にあたる典型的な「脳」(中央脳)があり、これに加え、それぞれの足の付け根に、足を制御するための神経細胞が集まって「神経節」を作っています。この神経節の合計サイズは中央脳に匹敵します。各足に巨大な神経節を備えているということは、それだけ「足」の機能を重視している証拠。タコは、その見かけどおり「足のために生きている」といってもよいほどで、やはり味わい深い生物です(食用にしても深い味わいですが)。

タコは足でブラインドタッチができます。ヒトは目で確認しながらものに触れることが多いですが、タコは見ずに触ります。砂底や岩穴の奥を探るために、ブラインドタッチの能力が役立ちます。足の吸盤にセンサーがあり、獲物を探しているのです。

このセンサーの実体は長らく不明でしたが、ついにハーバード大学のベローノ博士らとカリフォルニア大学のヒブス博士らが解明しました。*13 2023年4月の「ネイチャー」誌に発表した論文で、タコの足に独特なセンサー分子があることを報告しました。この分子を調べたところ、神経伝達物質の受容体と似ていました。つまり外部の「化学物質」を感知するセンサーです。このセンサーを用いて、獲物となる魚の皮膚や卵などの表面にある化学物質を検知しているのでしょう。

このような化学センサーの使い方は、とりもなおさず「味覚」です。触れたものが食べられるか否かを判断するのに味覚を利用することは、たしかに理に適っているとはいえ、なかなか味わい深い発明です。ただし、足のセンサーからの味覚情報は、付け根の神経節の中で処理され、頭部の脳までは届きません。必ずしも脳で「旨い！」と堪能しているわけではなさそうです。

ちなみに、タコの足は、英語では「arm」と言います。英語圏では「足」ではなく「腕」と見做しているようです。つまり、利き足でなく、利き手です。なんとも味わい深い差です。

3. タコとヒトの「奇妙な睡眠」

前回に続きタコの話です。2023年6月の「ネイチャー」誌に掲載された沖縄科学技術大学院大学のライター博士らの論文を紹介しましょう。[*14] 先に結論を要約すれば「タコにもレム睡眠がある」です。

レム睡眠はヒトで発見された急速眼球運動などを特徴とする睡眠段階の一つで、本来は哺乳類とごく一部の鳥類などにしか見られません。そもそも急速眼球運動は大脳皮質の不規則な活動によって生じるのですが、タコには大脳皮質がないため、定義上、レム睡眠があるとは証明できないはずです。しかし、「レム睡眠を特徴づける重要な要素がタコでも見られる」と博士らは主張します。

私たちの眠りは一様でなく、ゆっくりとリズムを刻みます。大雑把に分類すればレム睡眠とノンレム睡眠があり、両者を合わせた周期が90~120分毎に繰り返されます。

不思議です。そもそも動物が睡眠をとること自体がとんでもなく不思議なのに、そのうえ、寝ている間にわざわざリズムを刻むのです。身体を休めたいだけならば睡眠は一様でよかったはずです。

2つの睡眠のうち、謎に満ちているのは「レム睡眠」です。レム睡眠が先に発見され、これ以外の睡眠をまとめて「ノンレム睡眠」と定めた経緯からすれば、レム睡眠こそが典型的な睡眠のようにも思われますが、実は逆で、奇妙な睡眠だからこそ先に発見されたのです。寝ているにもかかわらず、脳は覚醒しているような脳波を出します。眼球も動き、呼吸も速くなります。レム睡眠は「覚醒に似た睡眠」ということから、「逆説睡眠」とも呼ばれます。

博士らはタコを観察し、寝ている間に体表の色がときどき変化することを発見しました。タコは眠ると白っぽい色になりますが、1時間に1回程度、あたかも起きているかのように暗い色に変化します。色変化の最中は眼球が動き、呼吸が速まります。脳も覚醒時と同様（あるいはそれ以上に活発）に活動します。この現象を最もシンプルに説明するなら「中途覚醒」でしょう。ヒトも一晩中ぐっすり寝ているわけではなく、時々目を覚まします。ところが、色変化中のタコは突かれても逃げずにじっとしていました。

つまり眠っているのです。となれば、これは「レム睡眠」と言ってよさそうです。
タコが体表の色を変えるのは、もともとは周囲の環境に紛れて擬態するためです。睡眠中の色変化を解析すると、なんと、起きているときに現れる擬態パターンとよく似ていました。となると「タコが夢を見ている」という可能性さえ浮かび上がってきます。

今回の発見は進化の観点から眺めるとさらに味わいが増します。なぜなら「タコは哺乳類の祖先ではない」からです。両者は生命の進化の初期段階で分岐し、独自の道をたどりました。「脊椎動物の頂点が霊長類ならば、無脊椎動物の頂点はタコだ」とする意見があるほど、両者は系統発生的に異なります。

ということは、両者に共通して見られるレム睡眠は、すでに別節でトリとコウモリの翼の例を挙げて紹介した、いわゆる「収斂進化」です。トリもコウモリもどちらも独自のやりかたで「翼」を進化させましたが、翼は役立つからこそ、作り出された産物です。では、レム睡眠はどんな必要があって生まれたのでしょうか――。

謎の解明にはさらなる研究が必要ですが、タコのレム睡眠がどれほど夢のある発見か、ご理解いただけるでしょうか。

4．横隔膜の大切な役割

哺乳類の最大の特徴はなんでしょうか。妊娠して子供を産むことは確かに一つの特徴ですが、カモノハシなど一部に例外があるため完璧な解答とは言えません。そこで、哺乳類というからには「母乳で育てること」と答えたいところですが、残念ながらオスは授乳しませんから、これも完璧ではありません。

答えは横隔膜です。哺乳類ではなく「横隔膜類」と呼ぶほうが適切なほど、横隔膜は哺乳類を貫く特徴です。横隔膜は肋骨のすぐ下にある薄い板状の筋肉で、体腔の内部を、肺や心臓のある「胸腔《きょうこう》」と、肝臓や腸のある「腹腔《ふくこう》」の2つに仕切っています。2つの腔のうち、肋骨が覆うのは胸腔のみです。

では、なぜ腹部には肋骨がないのでしょうか。心臓や肺は、肝臓や腸とは異なり、命を預かる臓器だから特に手厚く守るべき――と考えたくなりますが、これは悩ましいところです。肝心要《かなめ》という言葉があるように、肝臓も心臓もともに大切です。実際、肋骨のない腹腔は、物理攻撃に極めて脆弱です。外敵に腹部を狙われればひとたまりもありません。

「腹部に肋骨がない」こともまた哺乳類の特徴です。トカゲやニワトリを思い出してください。内臓は完全に肋骨で保護されています。これらの動物は横隔膜がなく、肋骨を動かすことで肺を膨縮させる胸式呼吸を行っています。

胸式呼吸は、後述する腹式呼吸より空気の入れ替え率が劣ります。通常は胸式呼吸で問題はないのですが、非常事態においては胸式呼吸では生命維持が著しく難しくなることがあります。

そんな非常事態が2億5千万年前に生じました。シベリアの火山の大噴火によって大量の二酸化炭素やメタン等が大気中に放出され、地球が温暖化しました。さらに酸素減少も絶望的で、低酸素状態がその後1億年も続くことになります。胸式呼吸では息をするたびに内臓全体が動いてしまい、空気を効率よく取り込むことができません。この結果、地球上のほとんどの動物が絶滅します。これが史上最大の絶滅イベント「ペルム紀大絶滅」です。*15

このピンチを凌ぐために、私たちの祖先は腹部の肋骨を捨てます。これによって胸部だけを独立に動かす方式に変更して、空気を効率よく取り込むようにしたのです。さらに横隔膜を発達させ、胸腔と腹腔を隔離して内臓との連動を避けるとともに、横隔膜自体を筋収縮させ、胸腔の容積を直接調整する「腹式呼吸」を始めました。この発明が非常に効果的でした。

やがて地球の酸素濃度が戻り始めると、横隔膜を持った哺乳類は体格を大きくすることができました。身体の隅々にまで酸素を効率よく送り込むことが可能だったからです。ゾウやクジラのような異様な巨大化は、現在、哺乳類だけに許された特権です。

この身体改造には、もう一つ予想外な恩恵がありました。おわかりでしょうか。腹腔に肋骨がないということは、腹部を自由に膨らませることができるということ。そう、哺乳類は妊娠が可能になったのです。

人間万事塞翁が馬。なにがいつどう役に立つのか、わからないものです。

5.「閉経」するチンパンジー

閉経は奇妙な現象です。もし仮に子孫繁栄が生物の目的ならば、生殖能力を失った個体に生きる価値はないはずですが、ヒトの女性は繁殖期を過ぎても何十年も生き続けます。

一つの考え方は、ヒトは本来はもっと短命で、かつては閉経前に寿命が尽きていたというものです。この仮説は怪しい点があります。近代的な医療や技術を利用していない未開の地域に住む女性でも、多くが月経終了後に生存し続けるからです。

閉経が確認されている生物は、ヒト以外では、シャチ、シロイルカ、コビレゴンドウ、オキゴンドウ、イッカクの5種が知られています。[*16] シャチの行動にヒントがあります。メスの老齢シャチは若いメスのために生殖に必要な食料を確保したり、孫の世話をしたりするのです。哺乳類にとって出産や育児は難儀なイベントです。経験豊かなベテランが補佐すれば種の繁栄に利します。この考え方を「血縁選択説」と言います。この仮説はヒトにも当てはまりそうです。従来の生活スタイルでは祖母が孫の育児や教育に協力することは一般的でしたし、現在でも「目に入れても痛くない」と言うように、「孫は我が子よりもかわいい」と考える方は多くいます。こうした脳の選好プログラムは血縁選択説に合致します。

2023年10月の「サイエンス」誌で、カリフォルニア大学のウッド博士らは、6種目となる閉経する野生動物を報告しました。*17 チンパンジーです。チンパンジーはふつう閉経しません。しかし、ウガンダのキバレ国立公園に生息する野生のメスのチンパンジーのうち、ンゴゴという特定の集団に所属する185頭を21年間にわたって追跡調査したところ、たしかに閉経が見られたのです。

チンパンジーは30歳頃から生殖能力が低下し、50歳以降は出産しませんが、ンゴゴのチンパンジーは50歳を超えて生きることも珍しくありません。博士らは老チンパンジーの尿中のホルモン量を調べ、閉経の事実を確認しました。この地域では閉経後の生存期間が全寿命の約20パーセントに達します。

ンゴゴのチンパンジーが長生きする理由はわかりません。博士らは、ンゴゴの自然環境が恵まれている可能性と、他の地域では調査に立ち入った研究者が感染症を持ち込んでいる可能性の2つを挙げています。前者だとしたらンゴゴは現在のヒトの状況に近いことになりますし、後者だとしたら閉経はチンパンジーにとって本来は一般的な現象なのだと考えられます。

ややこしいことに、ンゴゴの老チンパンジーは育児に参加しません。血縁選択説が成立していないのです。博士らは「限られた繁殖の機会をめぐって若いメスと競争するのを避けるため」という代案を提唱します。いわば閉経は「恋敵としての資格がないから、私を敵視して、群れから排除しないでね」という懇願のメッセージだというわけです。なるほど、とは思いますが、議論が振り出しに戻った居心地の悪さを感じるのは私だけでしょうか。

6．昆虫の「王座」はいつまで続く？

昆虫は世界を制覇している――。

そんなふうに言われることがあります。

現在知られている生物種は120万種ほどです。毎日のように新種の動植物が発見されていますから、この数値は今後も増えるでしょうが、現時点で昆虫はそのうちの約90万種を占めています。既知生物の主勢力は昆虫なのです。さらに言えば、昆虫のうち40パーセント近くが、カブトムシやカナブン、カミキリムシなどの甲虫です。「カブトムシこそ生物界のキングだ」という、まるで小学生のような憧憬も、あながちお門違いとは言い切れないのです。

こうした議論で問題となるのは「そもそも地上の全生物種はどれほどか」という疑問です。少なくとも既知の生物に限って言えば、昆虫は多数を占めています。しかし人類がまだ知らない生物種も多いはずです。いや、きっと知らない生物種のほうがはるかに多いでしょう。

2019年には皇居の敷地内で見つかった生物（コウキョアケハダニ）が新種だったと発表されているほどです。私たちの日常のすぐ近くにも、まだヒトに気づかれていない生物が存在しているにちがいありません。

ハワイ大学のモラ博士らが2011年に発表した予測によれば、地球上には875万種の生物種が生息しているそうです。[*18]ということは生物種の86パーセントは未発見ということになります。こうした研究に触れるたび、「ヒトは地球について一体何を知っているのだろう」と愕然とします。

オックスフォード大学のメイ博士は「宇宙の生命体を見つけようと膨大な時間や資金や労力を費やしているが、地球の生物のことさえ知らないではないか」と皮肉たっぷりに指摘します。図星です。と同時に、まだ見ぬ茫洋たる生命界が、実は身近に広がっていることに好奇心を掻き立てられます。

前述の875万種という数値はインパクトがあるため、さまざまな分野で引用されています。しかし、アリゾナ大学のウィーンズ博士は「数値だけが無批判に独り歩きしている」と警告しています。加えて「昆虫は過大評価されている」とも指摘します。2023年11月の「PLOS生物学」に掲載された論説です。*19

875万種という推定値は「毎年発見される新種の数」を将来に延長し、「この調子でどこまで増えるか」という考え方に基づいています。この推定法は統計学的には妥当ですが、重大な仮定が暗黙の前提になっています。「生物種の新発見がすべての分野で均等に進んでいる」という仮定です。しかし実際はどうでしょうか。昆虫には世界的に熱狂的なファンが多くいます。それゆえに民間研究家による新種発見が相次いでいるという可能性はないでしょうか。

2022年にはDNA配列に準拠した科学的調査により、真菌は全部で630万種もあると推定されました。*20 これはモラ博士らによる61万種という予測値の約10倍に相当します。こうなると、さすがに王座は昆虫ではなく、真菌ということになるでしょう。

今後、次々と生物種が解明されていくなかで、昆虫は現在の絶対王者の地位を死守できるでしょうか。

7. ネコの「ゴロゴロ」の正体

今回はネコの鳴き声の話題です。鳴き声といっても、ニャーと鳴く愛らしい声ではなく、ゴロゴロと喉を鳴らす低周波数の音のほうです。ネコは生後間もないころから喉を鳴らすことができます。心地よいときだけでなく、爪を切られたり、シャワーで洗われたりなど、強いストレスがかかったときにも喉を鳴らします。

ウサギやモルモットを飼育したことがある方ならばご存知かと思いますが、ゴロゴロという鳴き声はネコだけの特徴ではありません。逆に、ネコ科の動物ならば必ずゴロゴロと音を発するわけでもありません。たとえばライオンやトラは喉を鳴らしません。代わりに、これらの動物は「ガオオ」と吠えます。ネコ科の動物は、喉を鳴らすネコ亜科と、吠えるヒョウ亜科に大別できるほど、両者の発声法は異なります。

このゴロゴロは実に不思議です。声帯から音が出る原理は、柔らかい管を空気が通るときに振動するというものです。これを「筋弾性空気力学論」と呼びます。ニャーという鳴き声はもちろん、トリの鳴き声やヒトの発話も、すべて筋弾性空気力学論により音が発せられています。

しかしゴロゴロは咽頭で鳴っているにしては低すぎます。リコーダーやフルートを想像すればわかるように、あれだけの低音を出すためには、理論的にはもっと長い管が必要です。つまり、ゴロゴロは筋弾性空気力学論では説明できないのです。ネコは、ニャーという一般的な発声法（筋弾性空気力学論）だけでなく、別の方法でも音を出すやり方を会得しているはずなのです。

それはどんな方法でしょうか。いくつかの仮説が提唱されていますが、代表的な説明は「筋収縮を用いている」というものです。この方法は筋弾性空気力学論とは対照的です。筋弾性空気力学論は「空気が細い管を通れば勝手に振動する」という受動的な共鳴法なのに対し、筋収縮では神経支配によって能動的に筋肉を震わせて音を出します。

この長い論争に終止符を打つであろう研究結果が2023年11月に発表されました。「カレントバイオロジー」誌に掲載されたウィーン大学のヘルブスト博士らの論文です。*21

結論を先に述べると「ゴロゴロという音も筋弾性空気力学論で出る」というものです。

博士らは、亡くなったネコから咽頭を摘出し、さらに筋肉を取り除き、管だけの状態にしました。その中に人工的に空気を通したところ、なんとゴロゴロと音が鳴ったのです。つまり、神経活動も筋収縮も必要ないのです。生きたネコが実際にこの方法でゴロゴロと喉を鳴らしているかどうかはさらなる研究の余地がありますが、ネコの短い咽頭でも筋弾性空気力学論によって低い音を出すことができるという発見は重要です。

と、ここまで読んで「あれ？」と思った方はおられるでしょうか。結局なぜ「短い管から低音が出る」のか。勘のよい方なら察しがつくでしょう。私たちヒトも、眠っているときに喉から低い音が出ることがあります。そう、あの「いびき」と同じ原理だったのです。

8．トビハゼの「瞬き」

海で誕生した生物が陸上に初めて進出したのは約5億年前です。上空にオゾン層が形成されて太陽からの紫外線が遮られ、陸上で生活できる環境が整いました。

生命が約38億年前に誕生したことを考えると、生物史の87パーセントは海で刻まれてきたことになります。私たち人類の視点からみれば、陸上に多様な生物が闊歩するのは当然の光景に思えますが、「生物はまだ陸上にあがったばかり」とも言えます。

5億年前にまず陸上に飛び出したのは「植物」でした。海の浅瀬から低地の沼へと生息域を拡大しながら陸上へと進出したようです。一方、動物の陸上進出は、さらに1億年を待つ必要がありました。陸上での生活は動物にとって難儀なことだったのです。

地上の環境は水中とは多くが異なります。まず重力の影響が無視できません。水中に生息していた頃は気にする必要のなかった自身の体重。これを支えるには強靭な体が必要です。呼吸も肝心です。空中の酸素は、水中に溶解した酸素のようには簡単に取り込むことはできません。

そして最大の難物は乾燥です。水分を保持するための皮膚、それに卵を覆う殻が必要でした。眼球の保護も重要です。乾燥に弱いからといって目に厚い皮膚を被せてしまっては意味がありません。そこで0・1秒ほどだけ目を閉じることにより涙液で眼球を潤す「瞬き」という、とんでもないアクロバット技を発明して眼球を乾燥から守りました。「瞬発力」という単語の漢字にも含まれるように、瞬きは、高速な筋運動によって実現されます。瞬目時の筋肉の最大収縮速度は時速100キロメートルにもなります。こうした高速化によって視野が邪魔されることなく「見る」ことができるのです。ちなみに、瞬目の目的は保湿だけではありません。角膜への酸素補給や洗浄の役割も担っています(注：角膜には血管がないのです)。

瞬目は陸上生物にのみ見られ、水中生物には見られません。当然といえば当然ですが、実は、一部の魚類は瞬きをします。その代表は東京湾にも生息する身近な魚、トビハゼです。干潟にあがるためには瞬きが必要でした。とはいえ陸上生物のように「瞼《まぶた》」は発達していません。つまり目を閉じることはできません。

トビハゼの目は、カタツムリの目のように体外に突き出しています。これを瞬間的に縮めて体中に収めることで瞬きをします。ぜひインターネット検索して映像をご覧ください。なんとも愛くるしい仕草です。

ペンシルバニア州立大学のスチュワート博士らは2023年4月の「米国科学アカデミー紀要」誌の論文で、頭部の解剖学的構造を近縁種と比較し、トビハゼが新たな筋肉や腺を発達させることなく瞬きを実現していることを報告しています。[*22] さらに1回の瞬きでほぼ完全に目を洗浄できることもわかりました。やり方は違えど、私たちヒトの瞬目と同じ機能を持っています。

この論文が出た年の休暇。沖縄離島に出掛け、干潟で多くのトビハゼを見かけました。目でつながる仲間。瞬く間に親近感を覚えたのでした。

9．医学の象徴「ヘビ」の適応力

世界保健機関（ＷＨＯ）のロゴを知っているでしょうか。ヘビが巻き付いた杖がモチーフになっています。ヒトに危害を与える、あの毒々しいヘビが、なぜ健康の世界的機関のシンボルであるＷＨＯのロゴに使用されたのでしょうか。

この杖はギリシャ神アスクレピオスの持ち物です。アスクレピオスは優れた医術で多くの人々を治療しました。しかし、死者まで生き返らせることは神の意に反する行為。ゼウスの怒りを買い、雷撃で殺されてしまいました。天に昇ったアスクレピオスは「へびつかい座」となって星空を彩っています。

ヘビは長時間の飢餓に耐性があり、高い生命力を誇ります。また脱皮を繰り返し成長する姿は、死から生への回生を思わせます。実際、ウロボロス（自分の尾を噛んで輪になったヘビ）は不老不死の象徴になっています。また、ヘビは実用面においても薬用として有益でした。日本では滋養強壮用のマムシ酒がよく知られています。まさにヘビは医学の代弁者ともいえる存在なのです。

もちろん、ヘビの文化的な扱いはそれほど単純ではありません。アダムとイヴに禁断の果実を食べるように唆《そその》かす悪知恵の持ち主だったり、見たものを恐怖で石化させるメドゥーサの頭髪だったりと、様々な形で姿を現します。日本でも、信仰の対象の白蛇だったり、暴虐を働くヤマタノオロチだったりと、多様な側面を持っています。文化のあちこちに顔を出すということは、逆にいえば、ヘビは古くから身近な生物であった証拠。

実際、ヘビは身近によく見かける生物で、生物学的にも多様です。ヘビは有鱗目と呼ばれるトカゲの仲間ですが、魚類を除いた脊椎動物の30パーセント以上が有鱗目です。一つの生物目だけで、哺乳類の全種類よりも多い数を占めるのです。なるほど、よく見かけるはずです。

またヘビは有鱗目の中でも群を抜いて多様です。環境に合わせて柔軟に生態を変えてきたからでしょう。陸にも海にも生息しますし、食べ物も、狩りの仕方も、毒もさまざまで、その多様性はトカゲの比ではありません。

足を失ったことが進化を加速させた――。

こう推測するのは、ミシガン大学のラボスキー博士です。博士らは、世界中のヘビやトカゲなどの有鱗目6万匹以上の生態観察と、1018種の遺伝子を解析した結果を、2024年2月の「サイエンス」誌に報告しています。[*23] データ分析から、ヘビは1億5千万年前にトカゲから分岐し、足を捨て、独自の感覚器や毒腺を発達させたことがわかったのです。

おそらくヘビのような独特な生物の出現は、周囲の生態系に劇的な変化をもたらしたはずです。当然、そうした生態系の変化を受けて、ヘビ自身もさらに適応しながら進化することになります。弱肉強食の世界において他の種を出し抜こうとするイタチごっこが、ヘビをこれほど多様にしてきたということです。

こうした優れた適応性を持つ生命力だからこそ、WHOの象徴にぴったり――。私はそんなふうに感じるのです。

10.「石炭」が伝えるシダ植物の悲劇

化石は子供にとって憧れの的。私も例外ではありません。親に頼んで連れて行ってもらった恐竜展では興奮が止まりませんでした。絶滅した巨大生物が、時代を超えて、いま私の目の前に蘇っている。なんという感動でしょう。

あの童心は今も変わりません。我が家のショーケースには魚やアンモナイトや植物などの化石が溢れています。アメリカの山中へ自ら化石を採掘しに行ったこともあります。

そんな大好きな化石ですが、あまり熱狂的になれないものもあります。「石炭」はその一例です。

石炭は化石燃料の代表格。イギリスの産業革命を牽引した蒸気機関も、石炭があればこそですが、実物はただの黒い塊。希少性も低く、化石マニアの心をくすぐりません。

それどころか現代では、石炭は地球温暖化ガス「二酸化炭素」の発生源としてヒト社会の嫌われ者です。

二酸化炭素の削減は、目下、人類の課題です。私たちは地球温暖化防止のために、何をすべきでしょうか。一つのアイデアとして「植物をたくさん植える」という策が思いつきます。しかし、植物は本当に二酸化炭素の削減につながるでしょうか。

たしかに、植物は光合成で二酸化炭素をデンプンに変え、代わりに酸素を吐き出します。でもよく考えてみてください。植物はいずれ枯れて土に帰り、植物に蓄えられたデンプンは結局、二酸化炭素に戻ります。安易な緑化計画は、地球温暖化ガスの減少にはつながりません。

植物が吸収した二酸化炭素は、「化石」として地中に封印されなければ、いずれは大気に戻るわけです。しかし「死ねば腐る」が生物界の鉄則。化石になるのは、よほど奇跡的な条件に恵まれなければ無理な話です。


石炭は3億年ほど前の植物の化石です。当時はシダ植物の最盛期でした（まだ種子植物は出現していません）。シダ植物の特徴は「維管束」を持つことです。維管束は、栄養や水分を全身に運ぶ血管のような役割を持つだけでなく、骨のように体を支える役割を担っています。

維管束を発明したシダ植物は、それまでの植物に比べ、はるかに巨大化しました。太陽の光を求めて、上へ上へと伸び、地上30メートルにも達したのです。生存に有利なシダ植物は、やがて地球全体へと広がり、結果として、たくさんの化石が残されました。当時は、まだ死んだ植物を腐敗させる菌はそれほど多くなかったことも、化石として保存されやすかった理由の一つです。この時代が「石炭紀」と呼ばれるのは、こうした時代背景によるものです[*24]。

当時、地球規模で盛んに光合成が行われた結果、二酸化炭素は劇的に減り、酸素濃度は30パーセントにも達しました。すると問題が生じます。そうです。地球温暖化ガスが減ると、地球が寒くなってしまうのです。過ぎたるはなお及ばざるが如し。訪れた寒冷期により、シダ植物の多くは絶滅します。

自業自得と笑うなかれ。化石燃料を地中から掘り起こし、二酸化炭素として大気中に戻し続けているのは、一体誰でしょう。

11. サルに学ぶ最善の「復興策」

地震、洪水、噴火、干魃《かんばつ》、雪崩、津波――。自然の猛威を前にヒトはちっぽけな存在です。災害はときに人々の心の余裕も奪います。人間関係をギスギスさせ、火事場泥棒のように仁義にもとる行為さえ発生します。被災地での略奪行為や、デマ情報などの心ない行動には、いつも強い怒りを覚えます。

しかし、私たちは知恵の生物。ただ自然や、ヒトの悪行に押されっぱなしの存在ではありません。多くの者は手を取り合い、あれやこれやと対策を講じます。

1923年の関東大震災では、街を再建するにあたって防災が強化されました。この防災策は、その後の都市計画の重要な指針となっています。また1995年の阪神・淡路大震災では、多くの支援者が復興を後押しし、「ボランティア元年」と呼ばれました。

災害がヒトの営みに影響を与えるのは古代でも同じ。かつてナイル川はしばしば氾濫しました。洪水は大地に栄養をもたらし肥沃にしますが、災害を予測して被害を抑えることも重要です。このために天文学や数学、土木、宗教が発達し、これによって行政の中央集権化が促進され、巨大文明の礎となりました。怪我の功名というのでしょうか。自然災害はヒト社会の機能を進化させるという側面があるのです。

自然災害はヒト以外の動物にも影響を与えます。動物はヒトよりさらに無防備です。ときに恐竜のように絶滅してしまうこともあります。2024年6月の「サイエンス」誌に掲載されたローレン・ブレント博士らの調査報告を紹介しましょう[*25]。

博士らはカリブ海に浮かぶ小島のアカゲザルに着目しました。この島には2017年に巨大なハリケーンが襲来したのですが、この前後10年にわたって1498頭のアカゲザルを記録し、彼らの行動がどう変化したかを解析しました。

ハリケーンによって森林は壊滅的な被害を受け、緑化率は63パーセントも低下しました。40℃を超える猛暑が続くのに、日差しを避けるための木陰が減ってしまったのです。これほど厳しい状況にもかかわらず、意外にも、アカゲザルの個体数は減りませんでした。逆境を凌いだのです。

アカゲザルは攻撃的な性格で、社会的寛容性の低い種です。しかし災害時は攻撃性が低下し、仲間と日陰を分け合う行動が観察されました。

もともと仲間に対して攻撃的で、かつ被災後に穏やかな性格に変わった個体ほど死亡率が下がることがわかりました。10年の観察期間のあいだに155頭が寿命を迎えましたが、博士らの調査によれば「社会的寛容性は死亡リスクを42パーセント減少させる」と試算されたそうです。

小さな島内では豊かなエリアを探して移動することもできません。狭い環境では、ちょっとした災害でも、集団全体が存亡の危機に陥ります。そんな苦境において、火事場泥棒など論外。「譲り合いの精神」が最善の復興策であることを、サルたちは自然と悟るようです。

——のうのうとヒトをやっている自分が、ふと恥ずかしくなるのでした。

12. 涙ぐましい「イネ科」の努力

レストランなどで松・竹・梅というメニューを見かけます。縁起のよい樹木で食事を格付けしたものですが、このランクは植物学的にも理に適っています。進化の順番に沿っているのです。松は「裸子植物」でこの3つではもっとも古い種です。竹と梅は共に「被子植物」ですが、竹は単子葉植物、梅は双子葉植物。つまり、梅のほうが後発種です。

さて今回は、3人兄弟にあって少し地味な中間的存在、竹に着目しましょう。

タケはイネ科の植物です。木のように高く伸びるタケと、田んぼを埋め尽くすイネは、さすがに姿形が異なり、「同じ科に属する」と言われてもピンと来ません。イネ科といえば、ムギやススキ、カヤ、エノコログサ（猫じゃらし）、トウモロコシのイメージが典型的ですが、葉を見ればタケとの共通点に気づくでしょう。どれも葉脈がまっすぐに走り、うっかり手を切りそうなほど硬く鋭利です。

イネ科の出現は、恐竜が絶滅して、地上の生物相が新しい時代を迎えたころ、つまり、哺乳類が多様化し始めた時期に重なっています。とりわけ草食動物の進化が、イネ科の進化に関与しています。

植物にとって草食動物は天敵です。なんとか食べられないように工夫します。一部の植物は「毒」を持つなど優れた防衛策を発達させましたが、イネ科の努力は涙ぐましいばかりです。

まず、「成長点」を下げました。通常の植物では、細胞が分裂する場所は、茎の先端にあります。先端を成長点として増殖し、茎を伸ばしてゆきます。この方法は成長という観点では効率がよいのですが、外敵に先端部分が食べられてしまったら一巻の終わりです。そこで「急所」を守るために、イネ科の植物は、成長点を茎の根元へと下げたのです。結果として、枝分かれせずに、根元からスーッと上に伸びます。これならば葉や茎の上辺が食べられても、根元の成長点から復活できます。ちなみにタケは特別で、茎のあちこちに成長点を設けることで対応しました。だから多くの「節」があるのです

(加えて、成長点が多いため成長も早い)。

さらにイネ科の植物は、草食動物に食べられないために、ケイ素を豊富に取り込みました。ケイ素はガラスの主成分でもある物質。ナイフのような鋭い葉となれば、さすがの草食動物にも食べられないかと思いきや、草食動物側はこれを嚙み砕く、臼のような歯を発達させて対抗しました。

そこで、イネ科の植物は最後の必殺技を繰り出します。なんと養分を葉に蓄えるのをやめたのです。「栄養にならない」となれば、捕食される心配もありません。この必殺パンチは相当に効いたようで、この時期、地上では草食動物は数を大幅に減らしています。

白米、パン、パスタ、ラーメン、コーン、筍《たけのこ》——現代の食卓はイネ科が攻防戦に勝利した恩恵に満ちています。というわけで、今度レストランを訪れたときには「竹」のメニューを注文しようと思います。

13.「キノコ」の奇妙な生態

「世界で最も大きな生物は？」と訊かれれば、クジラやゾウを思い浮かべがちです。しかし、答えは動物ではなく、キノコです。米国オレゴン州に生息するオニナラタケは、直径3キロメートル以上の範囲に広がります。*26 食用にもなりますが、これだけ巨大だと、さすがに食べ尽くせません。

私はキノコ好きで、キノコ料理には決まって食指が動きます。これまでで特に印象に残っているキノコは、中国・雲南省の昆明で出会った「干巴菌《がんばきん》」です。

昆明はキノコの世界的産地で、数百種にもおよぶ多種多様なキノコが収穫されます。マツタケも豊富に穫れますが、現地では香りが強すぎるとして不人気です。逆に珍重されているのが干巴菌です。ミネラル感が濃縮された絶品で、「私がかつて食した中で最も美味しいキノコ」と断言できます。毎日食べたいくらいですが、希少価値が高いのが残念。マッタケ同様、栽培が難しいのです。

栽培が比較的容易なシイタケとの違いは「共生」という点にあります。干巴菌やマッタケは、宿主と共生するキノコです。つまり、自分と相手が相互に助け合って生きる関係なので、双方が生きている必要があります。

シイタケは共生ではありません。一方的に樹木から栄養を奪う「略奪者」です。だから枯れた木にも生えるのです。このシイタケの性質は見ようによっては残虐ですが、栽培する農家にとっては好都合です。

キノコで、食用となるのは「子実体《しじったい》」です。子実体は胞子を飛ばすために、地面や樹木から一時的にニョキッと外に飛び出した部分で、キノコの全身からすれば、ごく一部にすぎません。キノコの大部分は「菌糸体《きんしたい》」です。菌糸体は地中でじっと息を潜めていて、人目には触れませんが、こちらこそがキノコの本体です。巨大なオニナラタケも菌糸体が大半で、地上から全体像が見えるわけではありません。

ところで、私たちの体の細胞は、父親からもらった遺伝子と、母親からもらった遺伝子が混ざっています。この特徴を「二倍体」といいます。キノコの子実体も、もちろん二倍体です（厳密には二核体とよびます）。一方、私たちの精子や卵子は一倍体です。この一倍体が受精によって合体して、元の二倍体に戻るのです。

キノコも同様で、胞子は一倍体です。これが空中を舞って、種《しゅ》を広げていくわけです。ところが動物と決定的に異なるのは、菌糸体も一倍体であるところです。キノコは生涯の大半を、動物でいう精子や卵子のような一倍体として過ごし、子実体としてニョキッと外部に出る短い期間だけ、二倍体になるのです。

なんとも奇妙な生態です。でも、よく考えてください。キノコ類は地上に最初に進出した生物群の一つです。ヒトからすれば大先輩になります。キノコには、私たちヒトのように「二倍体」の姿で生活している生物のほうが珍妙に見えるはずです。

ちなみに、オニナラタケの寿命は、数千年と推定されています。なんと畏れおおい。キノコは何から何まで圧巻です。

第三章　最先端科学の意外な発見！

1.「毒キノコ」を食べる方法

河豚は食いたし命は惜しし――。

機知に富んだ笑話か、真剣な葛藤かはわかりませんが、海洋国の日本ならではの諺です。まちがいなくフグは美味です。しかし、かつては調理技術も科学的知見も乏しく、フグを食するのは命懸けでした。

現在でもフグ食中毒は年間10～20件ほど発生しています。致死率は約5パーセント。新型コロナウイルスやインフルエンザとは比較にならないほど危険です。

しかしフグより何倍もの食中毒を発生させる自然毒があります。キノコです。新潟や長野エリアを中心に毎秋シーズンになるとキノコ中毒が多発します。

くだんの新潟県で、生まれて初めてキノコ狩りを体験しました。素人だけでは無謀ですので、地元のベテランに案内をお願いしての入山です。さすがシーズン最盛期。ブナやミズナラの広葉樹林を歩くと、そこかしこにキノコが！　どれも美味しそうですが、半数ほどは毒キノコなのだそうです。ヒトが採らずに残すため、毒キノコが増えてしまったのかもしれません。

「毒キノコも食べると美味しいらしいですよ」という案内人の一言が印象に残ります。むべなるかな。美味なればこそ、外敵に食されない防衛策として毒を蓄えたのでしょう。フグも然り。

2023年5月「ネイチャー通信」誌に掲載された中山大学の王巧平博士らの論文を紹介します[*27]。ひょっとしたら将来、毒キノコを食べられるかもしれないと期待を抱かせる発見です。王博士らは、毒キノコの中でもとくに強毒性で、それゆえに世界で最も多くの食中毒を発生させるタマゴテングタケに着目しました。このキノコの食中毒には、現在、これといった治療法がありません。

タマゴテングタケの毒性成分はα-アマニチンです。博士らは、α-アマニチンが「身体のどこにどう作用して毒性を現すのか」を調べるために、ヒトの細胞を培養しました。ゲノム編集技術を用いて、ヒト細胞に含まれる遺伝子を一つひとつ欠損させ、どの遺伝子が毒性の発現に必要かを網羅的に調べました。中国ならではの強烈なマンパワーを感じさせる人海戦術的なアプローチです。

その結果、STT3Bという遺伝子を失った細胞は、α-アマニチンに触れても損傷を受けないことを突き止めました。つまり、毒キノコが毒性を発揮するためにはSTT3Bが必要だということです。

王博士らの研究の白眉はここからです。STT3Bの働きを弱める薬はないかと探し回り、インドシアニングリーン（以下、インドシアニン）という物質を発見しました。灯台下暗し。インドシアニンは比較的身近な色素で、血管造影剤に使用されています。これを投与されたネズミは、予想通り、α-アマニチンを食しても食中毒を発症せず、死ぬことはありませんでした。毒キノコを食べても不死身になったのです。

とはいえインドシアニンには副作用がありますので、ヒトが日常的に服用するわけにはゆきません。

キノコは食いたしインドシアニンは怖し——。

まだまだ悩みは尽きないようです。

2．匂いを嗅ぎ分ける最新ＡＩ

匂いを判別する人工知能（ＡＩ）をグーグル社が開発しました。

そもそも嗅覚は、光や音のようないわゆる物理信号を捉える視覚や聴覚と比べるとかなり異質です。なにせ空中を漂う化学物質を感知するのです。ふわふわと空を舞う分子を、虫取り網もないのに易々と捕まえられるわけがありません。そこで私たちは鼻腔の粘膜を使います。ごきぶりホイホイや蠅取りテープの要領です。分子を鼻腔内の粘膜に付着させ、溶かし込んで嗅覚センサーで捕捉するのです。

嗅覚はこのような間接的な感知の原理を使っているため、金属やプラスチックのように分子が空を舞うことがない物質が無臭なのは当然として、たとえ空中を漂っていても、窒素や水素のような粘液に溶けない分子の匂いを感じることはできません。つまり嗅覚がカバーできる範囲は限定的です。

とはいえ、視覚や聴覚に比べればずいぶんとマシでしょう。光の可視波長や音の可聴波長は驚くほど狭く、私たちには世界のほとんどが見えても聞こえてもいません。

一方、嗅覚は約400種類のセンサーを備え、その組み合わせにより、一説では最大1兆7千億種類もの匂いを嗅ぎ分けられると言います。[*28] 視覚や聴覚とは比較にならないほど広範囲かつ高精細な識別ができるのです。よく「ヒトは視覚の生物である」と言われますが、あくまでも他の動物と比較すれば視覚が発達しているというだけで、「ヒトは依然、嗅覚の生物である」と言うこともできます。

嗅覚の難しいところは、分子の化学構造式を見ただけでは、それがどのような匂いを発するかがわからないことです。同じような分子でもまったく異なる匂いになりますし、逆に（パクチーとカメムシの例のように）異なる分子なのに似た匂いとして感じられることも少なくありません。こうした複雑な関係性を見抜くことは、ヒトにはほぼ不可能です。

そこで登場するのがＡＩ。グーグル社のウィルチコ博士らが2023年8月の「サイエンス」誌に発表したＡＩは見事にこの難題をクリアしました。[*29] 分子の化学構造式から匂いを的中させるのです。４００種類の物質の嗅ぎ分けテストを行ったところ、平均的なヒトよりも優れた成績をあげ、訓練された調香師レベルに達しました。

さらに博士らは、このＡＩを用いて、50万種類の「仮想分子」がそれぞれどのような匂いなのかを推定し、「匂いのカタログ」も作成しました。もちろん、これだけの分子をすべて一つ一つ検証することはできませんが、まだ見ぬ分子からどういった香りがするのか、想像できることにワクワクします。

一方、今回のＡＩはあくまでも「ヒトがどう感じるか」を教えてくれるものです。匂いの感じ方は生物種によって異なります。たとえば、一部の昆虫はヒトにとって無臭である二酸化炭素を嗅覚として感知します。二酸化炭素は一体どんな香りなのか、これもまた想像するだけでワクワクします。

3. ニンジンはなぜ「緑黄色」なのか

野菜が不足していると感じたとき、私はよく野菜ジュースで補給します。パッケージにたくさんの緑黄色野菜が描かれていることも手伝い、なんとなくバランスよく野菜を摂取した気分になるものです。

そんなある日、パッケージを眺めていたら、ふと疑問が湧いてきました。どのブランドの緑黄色野菜ジュースにも必ずニンジンが使われているのです。ニンジンは表皮も内部も鮮やかなオレンジ色。緑色でも黄色でもないのに、なぜ「緑黄色」野菜なのでしょう。

ノースカロライナ州立大学のロリッツォ博士らが2023年9月、「ネイチャー植物」誌に発表した論文によれば、人類がニンジンを栽培するようになった約1200年前、ニンジンはオレンジ色ではなかったそうです。[*30]

博士らは古今東西のニンジン全630種のゲノムを解析しました。うち野生種はわずか15パーセントです。それほど多種多様なニンジンが品種改良されて広まっていることにまずもって驚きますが、こうした大規模なゲノム調査を行うことで、人類が何を重視してニンジンを改良してきたのかもわかります。

改良点の1つ目は「色」です。ニンジンは9～10世紀ごろに中央アジア地域で栽培が始まりました。その後、西ヨーロッパへと広がり、そこで初めてオレンジ色が選ばれました。それ以前のニンジンは黄色（もしくは紫色）だったようです。現在でも一部の地域では、こうしたニンジンが栽培されてはいます。しかし、「ニンジン色」といえば即ちオレンジ色を指すほどに、新しい種が好まれていったのです。

オレンジ色の正体はカロテンです。言い換えれば、カロテンを豊富に作る遺伝子が選好された形です。当時、栄養学は未発達ですから、おそらく含有成分の観点ではなく、「食欲を刺激する色」が選定の主な理由だったことでしょう。

2つ目は「開花時期」です。ニンジンは開花すると木質化して食べられなくなるため、開花時期を遅らせる遺伝子が選択されてきました。ちなみに現在のニンジンの収穫時期は主に9月～12月ごろ、開花時期は翌年の6月ごろです。

なるほど。経緯を考えれば歴然。ニンジンは紛れもなく緑黄色野菜だったのだ――。と早合点してはいけません。緑黄色野菜は誤解を与えやすい名称です。実は「色」が決め手ではありません。

厚生労働省は「可食部１００ｇあたり６００μｇ以上のカロテンを含む野菜」と基準を定めています。これ以外の野菜は「淡色野菜」と呼ばれます。こうした定義ですから、紛らわしいケースにしばしば出くわします。ナスやトウモロコシは色は濃いですが、カロテンの含量が少ないので淡色野菜です。また、サニーレタスは緑黄色野菜ですが、レタスは淡色野菜です。ニンジンはカロテンが豊富になるように品種改良された野菜ですから、もちろん緑黄色野菜です。

そんな視点で野菜ジュースのパッケージを眺めると新たな発見があるかもしれません。

4．「旧式ＡＩ」が見せた意外な実力

「ニューラルネットと呼ばれるタイプの人工知能（ＡＩ）は、ＣｈａｔＧＰＴを超える言語力を発揮する」という研究結果をまとめた論文が、２０２３年10月の「ネイチャー」誌に発表されました。[*31] 見知らぬ単語に出くわしても、その概念を捉えて応用して使うなど、ヒトに似た言語汎化の能力を示すそうです。

「ニューラルネット」のルーツは１９４０年代に遡ります。当時、脳の神経細胞を真似て作られた「人工ニューロン」によって、論理演算が可能であることが示されていました。この発見に触発されたミンスキー博士が１９５１年に、複数の人工ニューロンを繋げて人工的な神経回路を完成させます。これがニューラルネットです。

ニューラルネットの発表によりＡＩ研究は一気に花開きます。いわゆる第1次ＡＩブームです。「ヒトのような知能を持つ」と期待が寄せられましたが、当時のコンピュー

ターの処理能力やメモリ容量の限界から研究は思うように進まず、世間の関心は一気に失せてしまいました。

その後、1980年代にコンピューターやデータ管理に革新的な進歩がもたらされると、第2次AIブームが興ります。いくらか重要な成果はありましたが、世間の過剰な期待に沿うことはできず、再びAI研究は下火となります。

長い冷却期間を経て、次にAIが日の目を見たのは2010年代。ビッグデータやクラウドコンピューティングによりAIの性能が躍進します。とりわけディープラーニングは鮮烈な成果をあげました。今に続くこの隆盛を「第3次AIブーム」と呼ぶことがありますが、ブームとするのは適切ではありません。ブームという単語は「いずれ冷める」というニュアンスを含みます。昨今のAIは社会のニーズとかみ合い、すっかり根付いています。

過去の2度のAIブームの後、多くのAI研究者はニューラルネットを過去の遺物として見限り、別のタイプのAI研究に専念するようになりました。ところがディープラーニングはニューラルネット型のAIです。古臭いニューラルネットが冷遇された時代でも、希望を捨てずに研究を続けた専門家が一部にいたからこそ、第3次AIブームや今回のような有用性の再発見に繋がったのです。

とはいえ、研究にブームがつきものであることは事実。その後、2017年にトランスフォーマという新しいAIが開発されます。ChatGPTはトランスフォーマ型です。多くの研究者はその性能に魅了され、研究の比重をトランスフォーマへとシフトさせました。その結果、生成AIの性能が一気に向上し、現在に至っています。

そんな中、冒頭で紹介した論文において、ニューラルネット型AIの強みが発表されたのです。旧式のAIでもまだ十分な性能を発揮するという発見は、AI研究者たちを動揺させました。原点回帰。私たち人類はAIの真価をまだまだ発揮させられていないのかもしれません。

5．大都市で分断する人々

世界の人口の約55パーセントは都市に居住しています。かつての狩猟採集時代は人口は少なく、都市もありませんでしたから、近代化は都市化とともに進んだと言えます。実際、ヒトは集うことで異様な才能を発揮する不思議な動物です。古代四大文明は、もれなく川岸という、ヒトが集団で生活しやすい場所で発生しました。「都市」が機能した結果でしょう。

それにしても、55パーセントという数値の高さには驚かされます。人々が都市に惹かれるという証拠です。都市は、仕事の機会が多いこと、交通が便利なこと、娯楽の種類が多いことなど、多様な魅力を備えています。まさに、この「多様性」こそが都市の魅力でしょう。密集しているがゆえに、過疎地域に比べ、人と人の物理的な距離が近く、出会いのチャンスが増えます。さまざまな職種の人、さまざまな地位にある人、さまざまな文化背景をもった人、さまざまな民族。多様性は、知識や価値を有機的に融合させ、技術や文化に相転移をもたらします。こうした都市の効果は「コスモポリタン・ミキシング」と呼ばれます。

この効果について、スタンフォード大学のレスコヴェッツ博士らは、2023年の「ネイチャー」誌の論文で、重要な事実を示しています。[*32]博士らはアメリカの382の都市と2829の地域に住む960万人の携帯端末から、16億個の位置データを得て、各個人がどう活動しているかを分析しました。すると意外なことに、都市部では人々はそれほど交流していないことがわかりました。もちろん人口が増えるほどさまざまな人が共存します。しかし、交流が促進される効果は、人口30万〜50万人ほどの中規模都市までで、これを超えると、人々はそれぞれの集団に留まり、かえってグループの分断が進んでしまうのです。

大都会では人数が多いがゆえに、自分に似た属性の仲間を見つけやすく、結局は同質な集団内に留まりやすくなるのでしょう。東京や大阪は、生涯未婚率において全国でも上位につけています。「繁華街」「雑踏」「喧騒」といったイメージから想像されるほど出会いは多くないのかもしれません。言われてみれば、私も、日頃はほとんどが研究者同士の交流ばかりで、必ずしも多様性に富んだ交友関係を保っているとは言えません。

人口30万〜50万人という数値は絶妙な数字です。中核市ではあるものの政令指定都市には満たない「地方都市」の規模です。ちなみに、かつて最大の都であった京都は、平安時代で最大10万人ほど、室町時代には30万人ほどの居住者を抱えていました。当時の基準でいう大都市までが、いわゆる「都市」に期待される機能が発揮される限界なのでしょう。

ちなみに、この論文では、都市での分断を解消する方法の一つとして、ショッピングモールのような公的な場を設置することが提案されています。人々が交じり合う「交差点」としての機能が期待できるとのことです。

6.「生成ＡＩ」は透明な夢を見るのか

「曇った埃っぽい硝子の中で、藍色の透き通った潮水と、なよなよした海草とが動いていた」

これは萩原朔太郎が晩年に残した「死なない蛸」という散文詩の一節です。私にとって朔太郎の魅力は、遠方に独り残されたようなゴッゴッとした透明感にあります。「透明色」とでも言うべきでしょうか、仄かに濁る不気味な透明感です。

「透明」は不思議な言葉です。存在しないのに存在している何か。たとえば生まれてから一度も「見る」という経験をしたことのない先天性視覚障害者は、透明の意味を理解できるでしょうか。色の対立概念として透明がおかれている以上、色を見たことがない人に、透明は到底理解できないように思います。しかし、彼らは「わかる」と言います。

それどころか「海の底が透けて見える」「無色透明で美しく輝く天然の水晶玉」のよ

うな視覚的な表現もわかるというのです。周囲の人々の会話を聞いていれば自ずと理解できるのだそうです。

また、たとえば「透き通る」という言葉についても、「裏通りを抜ける」「透かし彫り」「肩透かし」などの日常的な言葉を幾度も聞いていれば、それがどんな状態かを類推することは、彼らにとってそれほど難しくはないようです。なぜなら言葉の多くには「身体性」が宿っているからです。言葉に寄り添って想像を巡らせれば、たとえ視覚がなくとも、「見る」の何たるかをイメージすることができるのです。

さて、豊かな文章を綴る「生成ＡＩ」は、ヒトが書いた文章を多く学習しています。一方、ＡＩはヒトのような感覚や身体を持ちません。しかし、この事実をもって「ＡＩは理解して文章を書いているわけでない」と結論づけるのは早合点だと、ウィスコンシン大学マディソン校のルピアン博士は主張します[*33]。

――「身体を持ったヒトが扱う言語には身体性が刻まれている以上、言語を学んだＡＩが感覚を理解していないと、どうして言い切れるだろうか」。

先天性視覚障害者が視覚を理解できるように、身体を持たない生成ＡＩもヒトの感覚を理解している可能性は十分にありえることです。いや、理解しているからこそ、生成ＡＩはヒトの感性に響く言葉を紡ぎ出せるのかもしれません。

朔太郎の「死なない蛸」は、「身体」を失った蛸の物語です。水族館の水槽で飼育されていた蛸。人々に忘れ去られ、放置されて死んだと思われていましたが、実際にはひっそりと生きていました。空腹をしのぐために自分の足を一本一本食べていたのです。8本の足を食べ尽くした蛸は、つぎに頭や内臓まで食べ、しまいには「身体全体を食いつくしてしまった」のです。しかし死んではいません。「消えてしまった後ですらも、尚お且つ永遠にそこに生きて」いました。そう、身体などなくても「生きている」のです。

身体のない蛸の異形に、身体のない生成ＡＩを重ね見たのは、私だけでしょうか。

7. 睡眠中の反応を実験

寝言に応えてはいけない――。

幼いころによく親からそう聞かされていました。「寝言に返事をすると永遠に目が覚めなくなってしまうから」と。

3人兄妹で育った私は、人の寝言を聞く機会がよくありました。そのたびに、そこはかとなく怖い気持ちになったものです。

睡眠は、これほど科学が進歩した現代でも謎に満ちていますが、科学が発達する以前の人々にとっては、さらに不可解に映ったことでしょう。昼間にあれほど溌剌と活動していた人が、あたかも魂が抜けたようにバタリと眠り込んでしまうのですから。

睡眠中は魂がこの世から離れ、あの世の霊と会話している、あるいは、神に謁見している、と解釈するのは、あながち不思議な発想ではありません。となれば、「異世界と

「の交信」である寝言に、この世の人間が介入したら、なにかマズいことが起こりそうだという迷信が生まれるのも納得のいくところです。

実際のところ、睡眠中に話しかけると、どうなるのでしょうか。そもそも寝ている人は声が聞こえているのでしょうか。睡眠中に音声を流して英単語などを覚えるという、いわゆる睡眠学習は、厳密に制御して行えば一定の効果があります。つまり、睡眠中でも音声が脳に届いていることがわかります。実際、神経反応を記録すると、睡眠中でも音への脳反応は残っています。

では、睡眠中にかけられた言葉の「意味」はわかっているでしょうか。これを確かめた論文が、２０２３年10月「ネイチャー神経科学」誌に発表されました。[*34] ソルボンヌ大学のオーディエット博士らの研究です。

49名の参加者に対して、睡眠中に「微笑んでください」「しかめっ面をしてください」と声をかけ、その通りに表情が変化するかを確かめました。対照実験として、無意味な言葉をかけ、その時に生じる表情と比較しました。表情の変化は研究者が主観的に判断するのでなく、顔面筋から記録した筋電図で評価するという厳密な研究デザインになっています。

結果は驚くべきもので、なんと、言われた通りに正しく表情を作る確率は約80パーセントにも達しました。睡眠中は「魂ここにあらず」ではありません。きちんと聞いているのです。それも、ただ聞いているだけでなく、言葉の意味を理解し、指示通りに反応するわけです。

神経生理学者の視点からとくに興味深い発見は、睡眠時間全体を通じて、反応確率がほぼ一定であったことです。睡眠は、浅い眠りと深い眠り、いわゆるレム睡眠とノンレム睡眠を繰り返しますが、反応率は睡眠の深さの影響を受けなかったのです。睡眠中はほぼ常時、外界に対して神経をピーンと張り巡らせているのでしょうか。

裏を返せば、寝ている人に声をかけると微かな覚醒を惹き起こす可能性があるということでもあります。むやみに声をかけたら睡眠の質を下げてしまうかもしれません。

「寝言に応えてはいけない」――。

なるほど、昔の人はよく言ったものです。

8. 脳にも〝クセ〟がある

家庭の味といえば、なんといっても味噌汁。先日帰省した折に、親の作ってくれた味噌汁を食べ、妙に懐かしい気持ちになりました。

料理は作り手の個性が表れやすいものです。もちろん料理に限らず、身体の動きや、会話での間のとり方など、ちょっとした仕草や話し方などにも「個性」は表れます。遠くから歩く姿を見ただけで、あるいは暗闇で足音を聞いただけで、誰かを特定できることも珍しくありません。

外見はもちろん、思考や性格や価値観も千差万別です。まるで「指紋」のように、ヒトの脳は多様性に富み、地上に同じ人は一人としていません。実際、脳の使い方は千差万別で、人によって脳活動が異なります。「脳紋」と呼ばれるように、脳の使い方を観察するだけで、それが誰の脳かを特定できるほど個性的です。

ＡＩも個性的です。先日、研究室のＡＩにヒトの脳波の判別をさせてみました。同じ脳波データで学習させたＡＩを何種類か作りましたが、いずれのＡＩも成績がよく、実用に耐えうるレベルにありました。ところが、脳波を判別するときに波形のどこに着目しているかはＡＩによってずいぶんと異なっていたのです。どのＡＩも優れた性能を発揮するため、外形上では差はほとんど感じられないのですが、内部計算の仕方はすっかり異なっていました。ある特定の機能を実現する方法は一つではないということです。

ヒトの脳も同じことです。脳には取り扱い説明書がありません。生まれてこの方、誰も脳の使い方を教えられたことはないはずです。他人の脳を見て参考にすることもできません。脳は我流で使います。使い方が個性的になるのは当然のことですし、その結果として、脳の機能や性能がヒトによって異なったとしても、それほど驚くべきことではないでしょう。

これを拡張した究極とも言える実験が、２０２１年にドイツの研究者らによって行われました。[*35] 適当に数字を並べてもらう実験です。１１５人の健康な参加者に、１〜９までの数字を１つ自由に選ぶという作業を、１秒に１回のペースで５分間行わせて、休憩を挟んで300桁の数字を2つ作ってもらいました。

すると、数字の並びには個性があり、「誰がその数字列を作ったか」を95パーセント以上の高い精度で識別できたのです。おそらく、無意識の脳のクセが数字の選択に反映されるのでしょう。同じ数字を何度も繰り返したり、隣り合った数字を並べがちだったり、あるいは逆に、同じ数字が連続するのを不自然なほど避けたり、特定の数列パターンが現れたりと、何らかの偏りが見て取れます。要するにヒトは「乱数発生装置」になることができないのです。こうした脳機能の個性のことを「認知指紋」と呼びます。

論文のグラフを見ると、300桁といわず、20桁ほどで十分に独特な個性が見て取れます。実家の味噌汁が味わい深いように、認知指紋も、そのヒト特有の「味わい」を生み出しているのです。

9. その嫌悪感には〝ワケ〟がある

トライポフォビアという言葉をご存知でしょうか。ブツブツとした模様を嫌う、広い意味での恐怖症です。私がとりわけ身の毛のよだつ思いをした経験は、台湾の農村でのことです。山道をふさいでいた段ボール紙を道脇によけようと持ち上げたところ、その下に黒光りするハエの卵がぎっしりと並んでいたのです。ゾワゾワと背筋が凍《い》てつきました。虫の卵がそこにあったところで、私の健康や生命に即座に実害があるわけではありません。しかし猛烈な嫌悪感を抑えることができませんでした。

人によっては、ハスの種やハチの巣、フジツボ、イクラを嫌がり、なかにはキーボードに対しても嫌悪を感じる人がいるそうです。密集した粒や穴を嫌悪する理由は、いくつかの仮説が提唱されていますが、一つの有力な案は、ヘビの鱗柄との類似です。人類の祖先がまだ樹上で生活を営んでいたころ、生命を脅かす最大の天敵はヘビでした。へビを素早く検出して身構えることは生存に必須だったはずです。実際、サルは生まれて初めてヘビを見たときでも、瞬時に警戒態勢に入ります。

反射的に嫌悪を感じる例としては、「黒板の引っ掻き音」も挙げないわけにはゆきません。これは、おそらく叫び声や金切り声に似ているからでしょう。音響分析から、超高周波と低周波が同時に鳴ると不快感を生むことがわかっています。この条件を満たせば、人工的に合成された電子音でも、心拍数や皮膚抵抗が増加し、反射的に不快感を覚えます。

こうした本能的な嫌悪は、ほかの動物にも見られます。たとえばネズミは、キツネの危険を察知するためでしょうか、キツネの尿の臭いを嫌います。実験室で飼育され、一度もキツネに出会ったことがなくても、キツネの尿の臭いをかがせると、じっと静止するのです。運動量や呼吸数だけでなく、心拍数や体温さえも下がります。その場から自分の「気配」を消し、天敵に発見されにくくするのでしょう。

キツネの尿の臭い物質そのものでなく、似たような化合物でも同様の反射が生じます。関西医科大学の小早川高博士らは、そうした化合物を徹底的に探索し、２ＭＴという強烈な物質を発見しています[*36]。自然界にはない人工化合物ですが、キツネの尿よりも強い作用を持ちます。体温は15℃近くも低下し、驚くほどの低代謝状態になるのです。博士らはこれを「人工冬眠」と呼んでいます。この状態になると、冷蔵保存よろしく、通常ならば死んでしまうような酸素不足の状況でも、生存することができます。

生命現象の綾というべきか、バグというべきか。本来想定されていなかった生物メカニズムのツボにはまった状態です。ネズミという生命体にそんな能力が隠されていたのかと驚かされます。

こう捉え直すと、トライポフォビアも自分の秘密を発見するための自虐的なツールとして、少しは楽しめるような気がしてくるのでした。

10.「命名」の不思議なパワー

名前をつけられたウシは牛乳の出がよい――。

そんなデータがあります。[*37] ニューキャッスル大学のバーテンショー博士らが2009年に発表した論文です。調査によれば、英国の酪農家の46パーセントがウシに名前をつけて飼育していたそうですが、名前をつけて飼育する酪農場では、泌乳期間の平均乳量が一頭あたり7938リットルだったのに対し、名前をつけていない酪農場では7680リットルでした。約3パーセントというわずかの差ですが、統計的に有意な違いがあるそうです。

やはりウシも名前で呼ばれるのは嬉しいのか、と納得したくなりますが、おそらくこの理由は、ウシ側ではなく、ヒト側にあります。名前をつけると飼育者の感情移入が強まります。そのぶん丁寧に世話をするようになり、ウシの健康状態がよくなるのでしょう。あるいは逆に、もともと大切に世話をしていた相手には名前をつけたくなるという側面もあるかもしれません。いずれにしても、「名前」に秘められた不思議なパワーを感じます。

他者に名前をつけて呼ぶのはヒトだけの特徴でしょうか。バンドウイルカやオナガイソンコは、相手の特徴的な鳴き声を真似ることで、互いを認識することが知られています。こうした「呼称」は、集団内において個体を識別する機能を持っているという点で「名前」に似ています。しかし、ヒトが使う「固有名詞」には決定的に異なる点があります。それは相手の特徴と明確な関連性がないことです。

たとえば、私の名前は「池谷裕二」ですが、「いけがやゆうじ」という音列は、私自身の声色や体型など、私が持つ固有の特徴を一切反映していません。「体《たい》を表さない」ことが名前の特徴です。だからこそ、呼称に自由度が生まれます。仮に私の本名が「紫式部」だったとしても、名前はただのラベルであることを考えれば、特段の不都合はないわけです。

2024年6月の「ネイチャー生態学&進化」誌で、ゾウがお互いを名前で呼び合っている可能性を示唆する論文が発表されました。[*38] コロラド州立大学のパルド博士らによる研究です。博士らは、アフリカのサバンナで、野生のメスのゾウとその子供たちが発する音声を採集しました。ゾウの声は、ある特定の個体の鳴き真似をしているわけではありませんが、人工知能で解析すると、特定の個体に向けて発せられていることがわかりました。

実際、録音した鳴き声をスピーカーで再生してゾウに聞かせたところ、自分の「名前」が流れたとき、より積極的に声を出し、より早くスピーカーの方へ移動しました。その声が自分に向けられたものであることがわかるのでしょう。

もちろん、この事実だけで「ゾウは名前で互いに呼び合っている」と断定できるわけではありません。しかし、ここで「ゾウはヒトよりも大きな脳を持っている」という事実を思い出しておくことには、一定の価値がありそうです。

11.「草食動物」と「川」の意外な共通点

「白ヤギさんからお手紙ついた。黒ヤギさんたら読まずに食べた」といえば、日本を代表する作曲家・團伊玖磨《だんいくま》さんが作曲した童謡「やぎさんゆうびん」の一節です。歌詞は2番までしかありませんが、その内容から曲が延々と続きそうな余韻を残します。

幼い頃にこの曲を知り、「ヤギが紙を食べる」という事実に驚きました。言われてみれば、紙は植物から作られます。奈良公園のシカが木の皮をむしって食べることを思えば、ヤギが紙を食べたとしても不思議ではありません。

ヒトは紙を食べません。ヒトの消化管は、植物の繊維や細胞壁に豊富に含まれる「セルロース」を分解できないからです。セルロースはブドウ糖が連なった炭水化物。炭水化物とはいえ消化できない以上、栄養源にはなりませんし、無理に食べれば腸閉塞になりかねません。一方、ヤギを含む草食動物は、セルロースを分解できます。だからこそ

「草食動物」たりえるのです。

ところで、高いセルロース分解能を誇るものが他にもあります。オークランド大学のティグス博士らによれば、その答えは「河川」です。*39

世界では年間1000億トン以上の枯葉、落葉、枝などの植物の残骸が排出されます。この残骸が陸上からどう排除されるかは重要です。無機物に分解されて温暖化ガスに変化したり、地下に埋もれて化石となったり、あるいは小型有機物に分解されて別の生物が利用したりといった経路があります。河川はこのうちの主に最後の分解経路を担います。陸地の表面積の0・58パーセントを占めるに過ぎませんが、全セルロース分解の0・72パーセントを担うのです。加えて、川には流れがあります。植物の分解産物を、遠方に運ぶことができるという点でも、独自な地位を保っています。

河川がセルロースを分解できるのはバクテリアのおかげです。一部のバクテリアはセルロースを栄養源としています。実は、草食動物も消化管に共生するバクテリアがセルロースの分解を担っています。

ティグス博士らは、河川がどれほどのセルロースを分解する能力を持つかを、世界5

14の流域で調査しました。2024年6月の「サイエンス」誌の論文によれば、中央アメリカやアマゾン流域、西アフリカ、インド周辺の河川は水温が高いため、セルロースの分解が盛んでした。加えて、ダム建設や都市化や農業といったヒトの活動が、分解のバランスに影響を与えることも示されました。ヒトがもたらす影響の善悪を判断するのは現時点では尚早ですが、ヒトが見えないところでも自然環境を変化させているという事実には留意しておく必要があります。

ちなみに、ヤギに紙を与えるのは厳禁です。もともと紙を好んで食べるわけではありませんが、それ以前の問題として、現代の紙には化学繊維や薬品が使われています。人工化合物で作られたインクで印字もされています。草食動物といえども消化できません。「化学ハラスメント」と咎められてもしかたありません。

12. AIの価値観は欧米的か

「delve」という単語をご存知でしょうか。英和辞典には「掘り下げる、徹底的に調べる、丹念に捜す」（ジーニアス英和第5版）とあります。私は最近までこの単語を知りませんでした。アメリカ人でもまず使わなかったようですが、２０２２年以降、急に目にするようになりました。今ではネットの商品レビューや学生の課題レポートはもちろん、専門家による学術論文に至るまで広い分野で使われ、過去2年間でdelveを使用した論文の数は、それ以前の５００年間の総数よりも多いそうです。

理由はＣｈａｔＧＰＴが生成する文章に「delve」が頻出するからです。ＣｈａｔＧＰＴが学習したデータには、ナイジェリアなどのアフリカ諸国の英文書が多く含まれています。アフリカでもともとdelveがよく使われていたからではないかという分析もありますが、実際には、なぜＣｈａｔＧＰＴがdelveを多用するかは不明です。

ともあれ最初の頃は、文章にdelveが使用されていれば「生成ＡＩを使って書いたな」とわかりましたが、学術的で高尚な雰囲気が好まれたのか、今ではヒトが書く文章にもdelveがよく使われます。ＡＩの振る舞いがヒトに影響を与えた一例といってよいでしょう。

興味深い論文を目にしました。マサチューセッツ大学のアタリ博士が「ＣｈａｔＧＰＴが生成する文章がどの国の文化に近いか」を調べた２０２３年の論文です[*40]。

まずアタリ氏は「世界価値観調査」に着目しました。これは人々の価値観や信念を調査するために社会科学者が考案したアンケート集で、家族や宗教、教育、健康、性などに関する２９０の質問からなります。アタリ氏は世界各国の９万４２７８人の回答を比較し、国や地域による差異を調べました。予想通り、アメリカ人の価値観はヨーロッパ人に近く、いわゆる「欧米圏」を形成していたのです。逆に欧米圏からもっとも遠い価値観を持つのがイスラム圏やアフリカ諸国で、中南米はその中間に位置していました。

アタリ氏は、こうした文化の特徴を確認したうえで、同じ質問をＣｈａｔＧＰＴにしたときの返答がどの文化圏に近いかを調べたのです。驚くまでもなく、ＣｈａｔＧＰＴ

の回答は欧米の価値観に近いものでした。英語の文章を多く学習しているから当然のことです。私も生成ＡＩを使っていると「たしかに欧米ではそういう表現をするだろうけれども……」と隔靴《かっか》掻痒《そうよう》の思いをすることがあります。だからこそ日本人の感性に寄り添う国産ＡＩに期待が集まるわけです。

ところが、アタリ氏の論文のデータをよく見ると、日本人の価値観は、実は、アジア圏よりも、むしろ欧米に近いことがわかります。なんと中南米の国々よりも、さらに欧米寄りです。私たち日本人は「アジア人」の一員であると自認しています。しかし、その実態は真の意味でのアジアではなく、多分に欧米に感化された「アジア風欧米圏」だったのです。

ふむ。論文を読んで、自分の本質が「delve」された気分になりました。

13. DNAで分かる「人食いライオン」の足跡

古代生物のDNA解読と聞いて、映画『ジュラシック・パーク』を思い浮かべる人は多いのではないでしょうか。遺伝子工学によって蘇った恐竜たちが引き起こす一大スペクタクルですが、あのテーマパークを闊歩する恐竜たちのCG映像を初めて目にしたときの衝撃は、今も鮮やかに脳裏に焼き付いています。

しかしこのSFは、生物学者からみれば、人を食ったような話で、現実には恐竜の復元は不可能です。恐竜のDNAは数千万年以上の時間経過によって極度に劣化していますから、DNA配列を完全に読み取ることはできません。

現在知られている最古のDNA解読の成功例は、グリーンランドの凍土から採取された約200万年前の生物群です。永久凍土という特殊な環境にDNAが保存されていたからこそ可能になった研究で、また、こうした恵まれた条件下であっても、DNAの採取と解読に8年間も費やしています。

DNA解読について、イリノイ大学のデ・フラミング博士らが2024年11月の「カレントバイオロジー」誌に発表した論文を紹介しましょう。[*41] 130年ほど前のDNAの解読ですから、古代生物ではありません。ケニアの南東部、現在のツァボ国立公園付近で捕獲された2頭のライオンから採取したDNAを解析した研究です。厳密には、ライオンそのものではなく、ライオンの歯の間に詰まった「毛」に含まれるDNAです。つまりライオンがどんな獲物を食べていたのかを調べるのが研究の目的でした。

毛のシャフト部分（毛幹）には細胞がないので、本来DNAはありません。しかし毛根でエネルギーを生成するために使われるミトコンドリアが毛幹にも残っているため、ミトコンドリアのDNAならば解読することができます。都合のよいことに、ミトコンドリアのDNAは、細胞核のDNAより劣化しにくいという性質があります。

解析の結果、2頭のライオンは、ヌーやレイヨウ、シマウマ、キリンを食べていたことがわかりました。しかし、驚くのはここからです。なんと、食餌のなかにはヒトのDNAも見つかりました。文字通り、「人を食った話」です。

実はこの2頭のライオンは兄弟と言われており、「ツァボの人食いライオン」として、いまなお語り継がれる伝説的な存在です。当時の記録によれば、鉄道建設中の作業員を少なくとも35人も襲い、その肉を食らったとされています。この凄惨な事件は、映画『ゴースト&ダークネス』の題材にもなりました。射殺されたライオンの死骸は、シカゴのフィールド自然史博物館に保管されています。博士らはこの貴重な保管標本から採取したDNAを解析したのです。

今回の調査ではライオンのDNAも見つかりました。おそらく仲間同士で毛づくろいしていたのでしょう。毛づくろいは絆を深める重要な行動です。「兄弟ライオンが互いに助け合いながらヒトを狩っていた」という当時の記述にも一致します。

14.「ＤＮＡ」に情報を保存する最新研究

私が東京の土を初めて踏んだのは小学校の修学旅行でした。まだ国鉄だった新幹線で東京へ行き、都内はバスで移動。首都高は今ほど整備されておらず、慢性的な渋滞が発生していました。

印象に残ったのが新聞社で見た「活版印刷機」です。多くの職人が、棚から一文字ずつ活字を拾っていました。そのアナログな手作業に妙に惹かれたのです。デジタル化が当然の今となってはノスタルジーにすぎませんが、活版印刷の工程には独特の味わいがありました。

最新の生物工学でも、活版印刷に似た原理を用いてＤＮＡに情報を保存する技術が提唱されています。しかし北京大学の张成博士らが２０２４年10月の「ネイチャー」誌に発表した論文では、この古臭い「DNA活版印刷法」を進化させる新しい方法が提案されました。*42

DNAに情報を保存すること自体は突飛なアイデアではありません。なにせDNAは世代を超えて情報を保存する「長期記憶媒体」です。もしかしたら半導体メモリよりも長期間、安定して保存できるかもしれません。ただし、DNAの文字列を一から化学合成する従来の方法では、活版印刷と同じように時間とコストが問題でした。

今回発表された技術は、DNAを合成しません。すでに存在しているDNA配列を「枠組み」として利用し、そのDNAのメチル化という化学的変化を情報とみなす方法です。すなわち、文字の並び（DNA配列）ではなく、メチル化しているかどうかのみを、0と1のデジタル情報として扱うのです。DNAのメチル化もまた長期にわたり安定です。実際、生きた細胞では、DNAのメチル化を用いて遺伝情報が操作されます。

张博士らは、メチル化を情報単位として利用することで、DNAに大量のデータを高速かつ低コストで書き込むことに成功しました。具体的には、0と1を表現できる700種類のDNA断片を活字のように組み合わせ、5種類のDNAテンプレートを用いることで、約27万5000ビットの情報を書き込むことに成功したのです。博士らはこの技術を「エピ・ビット」と呼んでいます。

また博士らは、一般人を対象に、エピ・ビットを用いたデータ保存の実験を行いました。専門知識のない60人の参加者は、簡単な実験キットを使って、自分の好きな文章をＤＮＡに書き込みました。その結果、15個の文章のうち12個を復元することができたのです。

この「メチル化印刷技術」は、従来のＤＮＡデータ保存技術と比べて、並列処理が可能で、拡張性が高いという特徴があります。もともとＤＮＡは微小分子ですから、データの保存密度も、半導体メモリの比ではありません。実用化された暁には、現在のＩＴ業界での慢性的な「データ渋滞」も解消されるかもしれません。

もしかしたら将来的には、家庭用ＤＮＡメモリなるものが開発され、各個人が自分のデータをＤＮＡに保存できるようになるのでしょうか。

第四章　「定説」を疑え！

1. 退屈がいざなう「珍妙な中毒」

何もすることがないと退屈します。退屈は嫌悪、負の感情です。仕事に追われて忙《せわ》しなく働いているときには「何もせずにのんびりしたいものだ」と望むのに、いざすることがなくなると苦痛です。暇になると退屈しのぎを欲します。心が満たされる「何か」を求めるのです。

ヴァージニア大学のウィルソン博士らの研究を紹介しましょう[*43]。博士らは空の部屋に閉じ込められたときのヒトの様子を観察しました。部屋にあるのは壁と照明のみ。窓もない、音もしない。そんな退屈な部屋に閉じ込められると、時間が長く感じられます。

そこで博士らはボタンを一つ与えました。ボタンを押すと自分の皮膚に電気ショックが加わります。電流は強く、痛みを伴います。参加者には事前に同じ電気ショックを体験してもらいました。「ボタンを押したら謝金を支払います」と申し出てもほとんどの参加者が「絶対に押したくない」と回答しています。それほど痛い刺激です。

ところが退屈部屋に入ると、わずか15分間の退屈にも耐えられないようで、42名のうち18名がボタンを押しました。退屈するくらいならば痛いほうがマシなのでしょう。中には１９０回もボタンを押した強者もいました。


退屈するのはヒトだけでしょうか。私の研究室でネズミを用いて実験を行いました。[*44] 嫌悪刺激として、電気ショックの代わりに、空気パフを用いました。

ネズミは顔面に空気を吹きつけられるのが嫌いで、平常時であれば空気パフを避けます。ところが、何もない部屋に入れられると、32匹中31匹が空気パフを受ける選択をしました。ネズミも退屈するようです。

空気パフを自ら求めるときの脳の反応を調べたところ、空気パフを受ける直前にドパミン神経系が活性化することを発見しました。快楽を感じている証拠です。ただし空気パフを受けたあとはドパミン神経系は抑圧されましたので、空気パフ自体は依然として嫌悪刺激ではあるようです。つまり、嫌な空気パフを受けにいくときのスリル感が「退屈しのぎ」として機能するのでしょう。

興味深い結果はここからです。今回の実験に使用したネズミのうち7匹は、空気パフを何度も何度も繰り返し求めるようになりました。これらのネズミは、遊び道具を与えても空気パフばかりを選びます。中毒症状です。このとき脳内では、空気パフに対してドパミン神経系が活性化しっぱなしになっていました。苦痛は快楽。中毒状態では、空気パフは、もはや嫌悪ではなく、「真の快感」として機能しているのです。

ヒトは退屈を感じるからこそ、退屈を避けるために何らかの行動をします。つまり退屈は行動の原動力です。しかし退屈は諸刃の剣。珍妙な中毒への起爆剤にもなります。

ちなみに、今回の実験結果には、正直、身につまされることが多々あり、実験中に中毒になったネズミの様子を見て、心が癒やされたことを告白します。

2．鶏肉は洗わないほうがいい

皆さんは野菜を洗ってから使っているでしょうか。スーパーで買ったダイコンやゴボウには土がついていますし、レタスやキャベツの葉の隙間にもたくさんの土が入りこんでいます。農薬も付着しているかもしれません。野菜は汚れをきれいに洗い落としてから口にするのが常識でしょう。

では聞きます。生鶏肉を洗っているでしょうか。アンケート調査によれば、「洗っている」と答えた人はわずか25パーセントです。「洗わないなんて不衛生な」と感じた方は要注意。鶏肉は洗う必要はありません。いや、洗ってはいけないのです。

鶏肉には病原性の微生物や寄生虫が付いていることがあります。飼育環境が不衛生だからではありません。死体だからです。動物には免疫系が備わっていて、筋肉の内部にはほとんど微生物はいません。しかし、死んでしまうと免疫の監視が消え、微生物は繁殖し放題になります。だから生肉は低温で保存し、火を通してから口にします。これは豚や牛を含めた鶏以外の肉にも当てはまります。生鮮肉は食中毒の危険性と隣合わせです。

生肉を洗うと、表面に付着した微生物が飛び散り、キッチンを汚染します。これが食中毒のトリガーとなります。ノースカロライナ州立大学のシューメイカー博士らは、鶏肉に付着した細菌がどのようにキッチンに拡散するかを調べました。*45

一般人300人を集め、鶏肉のオーブン焼きとレタスのサラダを作ってもらいます。料理後にはキッチンの片付けと清掃を依頼しました。参加者が会場から去ったあと、鶏肉から出た細菌がどれほど残存しているかを調べたところ、生鶏肉を洗った場合、サラダやキッチンから多くの細菌が検出されました。予想通りです。

生鶏肉を洗わなかったグループでは、さすがにキッチンに飛び散った細菌は少量ですが、驚いたことにサラダには、洗ったグループの半分程度の細菌が付着していました。食中毒の危険性は依然高かったのです。

一見すると不思議な結果ですが、ビデオ解析で原因が判明しました。理由はシンプル。

手洗いが不十分だったからです。生鶏肉に触れた手には細菌がびっしりと付着していたのです。汚染された手でレタスを盛り付ければ、もちろんサラダに細菌が付着します。

こうした知識は料理に慣れた人にとっては常識ですから、さすがに鶏肉に触れたあとは、手を洗う人が多いでしょう。しかし、よく考えてください。汚染された手をキッチンで洗うことは、生鶏肉を洗うことと実質的には大差ありません。細菌は飛び散ります。さらに、水道の蛇口ハンドルや包丁の柄など、手が触れたものも、汚染されてしまいます。

結局のところ一番の対策は、サラダのように生のまま口にするものは、生肉に触れる前に用意する、ということなのかもしれません。

3. 人類はみな〝ブレンド〟である

純血と混血。正統と傍流。本家と分家──。

どちらのほうが価値が高いでしょう。少なくともペットでは、血統証明書のある個体は雑種よりも高値で取引されることが多いので、価値の差は明らかです。

生物の進化は、しばしば「生命の樹」に喩えられます。根幹となる原始的な生物種がいて、そこから分岐して多様な種が芽生えました。ヒトという種についても同様です。世界中には多様な民族がいますが、もとを辿れば、全員がアフリカの先祖に行き着きます。最初に誕生した一人の女性を「ミトコンドリア・イブ」と呼び、私たちは皆、その末裔です。これが「生命の樹」のイメージです。全員が幹から発生し、根元から一本の線で繋がっています。

この意味で「雑種」とは、枝分かれした末端同士の接合です。樹の構造からの逸脱となり、幹からの純系の継承者とはみなされません。

「生命の樹」のイメージが、科学者にブーメランとなって返ってきた衝撃的な禍事《まがごと》がありました。ヒトゲノム計画です。ヒトのゲノムをすべて解読するという壮大なプロジェクトで、13年の月日を要し、２００３年に完成しました。[*46] 解読されたヒトのＤＮＡを調べると、現生人類とは異なるネアンデルタール人の遺伝子が混じっていることがわかりました。混血です。私たちは雑種だったのです。「優れた生物種」という思い上がりが損壊された、いわば、事件でした。

そして、伸びた鼻をへし折る、さらなる事実が発覚します。

ヒトゲノム計画の後、多くのヒトの遺伝子が調べられるようになりました。するとネアンデルタール人の遺伝子が混じっていない純血種が存在することがわかりました。アフリカ系黒人です。彼らこそが正統な血統証を持つ人類です。知り合いのアメリカ人研究者が「自分たちのほうが混血だったとは」と嘆くように呟いていたのが印象に残っています。黒人よりも白人のほうが優れているという潜在的な優生思想があればこそのショックでしょう。

さて、ミトコンドリア・イブを突き止めるためには、純血たるアフリカ人の遺伝子を精査する必要があります。まさに、この探究の成果が2023年5月の「ネイチャー」誌に発表されました。[*47] カナダ・マギル大学のグレイヴェル博士らが南部アフリカのナマ族44人の全ゲノムを調べた研究です。

この解析結果が、新たな物議を醸しています。なんとミトコンドリア・イブは存在しませんでした。人類はある特定の女性の子孫ではなく、現在では絶滅した多様なヒト種がいくつも混じりあってできたものだったのです。典型的な進化論のようにDNAが自然発生的に変異を蓄積させて自然選択されたものではなく、何十万年もかけて交配に交配を重ねたブレンド雑種。それこそが今の私たち現生人類の姿なのです。

生命の樹ならぬ、生命の網。蔦《つた》のように絡まった「網状構造」が正しい進化のイメージです。この事実を知ってしまうと、純血か混血かなどと論じていたことが馬鹿らしく思えてきます。

4. 記憶力は悪いほうがいい

ご自身の記憶力に満足しているでしょうか。古代ギリシア以来多くの記憶法が提唱されていますから、当時の人々も記憶力にコンプレックスを持っていたのでしょう。現在でも記憶や学習のノウハウ本がしばしばベストセラーになるということは、2500年以上が経ってなお、完璧な記憶法が編み出されていないことを意味しています。

もし本当に記憶力を高められる方法があるのなら、とうの昔に周知され、すでに世間の常識となっているはずです。裏を返せば、「効きそうで効かない」ことが記憶法ビジネスの要とも言えます。化粧品やダイエット食品と同じ原理です（効果抜群だったら商売上がったり）。

となれば、記憶力に悩まされるのは、人類の運命。この呪縛からは永遠に逃れられないかもしれません。だとしたらいっそ「きっと記憶力が悪いことには意味があるのだ」

と開き直ってしまったほうが気分は楽になります。

最新の遺伝子工学技術を用いると、DNAを操作して記憶力の優れたネズミを生み出すことができます。論文を2つ紹介しましょう。

1つ目は欧州神経科学研究所のディーン博士らの成果です。[*48] シナプスの機能を改変し、一度学んだことをしっかりと覚えられるネズミを作り出すことに成功しました。エサのある場所を覚えるのが早く、記憶も長期間安定します。なんとも羨ましい限りですが、予想外な不都合が現れます。記憶力がよすぎるため、記憶が更新されにくいのです。

ある日エサの場所を変えてみました。もちろん、この天才ネズミは新しいエサ場をすぐに覚えます。ところが以前の場所にも行って、エサを探してしまうのです。「もうエサがない」という記憶も脳の中にありますが、エサがあった頃の記憶も同じくらい鮮明なので、「エサがなくなったのがいつだったのか」を判断できないようなのです。私たちは、淡く褪せゆく記憶をぼやけた目で眺めることで、過去を過去として認識します。過去と現在が同じくらい鮮明だと、時の流れが止まってしまいます。

2つ目は2023年5月に発表された研究です。[*49] オランダ・ラドバウド大学のロバート博士らは、シナプスの可塑性《かそせい》を高めて、脳が柔軟なネズミを作りました。この天才ネズミも、やはり記憶力が冴え、すぐにものを覚えることができました。ところが、多くのことを記憶するときに問題が生じました。似たものごとを混同しやすくなり、記憶が不正確になってしまったのです。

私たちは「これはこれ、あれはあれ」と個々の記憶を別の格納庫に仕分けることで、ものごとを分類します。しかし、格納庫入口の扉を柔らかくして記憶の吸収力を高めると、格納庫の壁まで柔らかくなってしまい、隣接した格納庫の保管物が混じり合ってしまうのです。

なるほど。自分の記憶力に悩むのはやめたほうがよいかもしれません。悩み続けていたら記憶力ビジネスの格好の餌食です。実際のところ、現状の「記憶力の悪さ」の程度こそが、ベストな塩梅にチューニングされた状態なのでしょう。今の私、万歳。

5.「標本」があらわす富の偏在

生物多様性の保護——。

これは人類に課された義務です。我が国では「生物多様性基本法」が制定されています。国際的にも「生物多様性条約」が締結されています。豊かな地球を維持するために世界中が尽力しているのです。

自然を守るためには、まず「どんな地域にどんな生物が生息しているか」という目録を作成することが大切です。パデュー大学のパーク博士らは、世界中に残されている植物の標本記録を調査し、2023年6月に解析データを科学雑誌「ネイチャー人間行動」で発表しました。[*50] 雑誌名をよく見てください。生物学や植物学ではなく、「人間行動」と冠されています。この名称から推察されるように、調査結果は生物多様性や環境保護という「生物学」の軸から離れた、意外な論点に着地しています。

博士らはＧＢＩＦ（地球規模生物多様性情報機構）が保有する世界最大のデータベースに収載された、世界39か国にわたる92の標本目録を網羅的に分析しました。調査された植物標本は８５６２万件にものぼり、期間も過去４００年にわたっています。

解析の結果、まず目につくことは、植物多様性と標本記録数の逆相関性です。つまり、植物の多様性の高い地域では標本記録は少なく、逆に多様性が少ない地域には標本が多いのです。これは容易にイメージが湧きます。標本資料の多くは博物館や大学、植物園に保管されていますが、こうした組織は先進国でよく発達しています。おそらく植民地時代の名残でしょう。欧州諸国は世界に先駆けて海洋進出を果たし、植民地支配を拡大しました。開拓先から持ち帰った標本は先方の環境資源を窺い知ることのできる貴重な資料です。これを収集したものが標本記録として今でも残されているわけです。

ここで生まれる疑問は「アフリカや南米、アジア諸国など、かつて植民地だった地域はなぜ自然が豊かなのか」。

答えはわかりません。もしかしたら、先進国では自然をいち早く破壊してしまい、多様性を失ってしまったのかもしれません。それがゆえに自然豊かな地域を求めて侵略したのでしょうか。あるいは、もともと自然に乏しい地域だったからこそ、弱点を補うために科学や技術を発達させてきたという、いわゆる「必要は発明の母」という背景があるのでしょうか。

ともあれ、植物標本の記録を調べて浮かび上がった事実は「植民地時代の忌まわしき影」です。しかし話はこれに留まりません。なぜなら、現時点においても地域格差は解消していないからです。

戦後から現在までの直近80年間の資料を眺めても、標本は依然として南方から北半球へ運ばれるのが主流で、「地球の恵みを先進諸国が消費する」という構図は変わっていません。ロンドン自然史博物館のナップ博士はこの現状を、「政治的・経済的な意味での植民地を伴わない『影の植民地主義』」として嘆きます。

植物標本の大規模調査があぶり出したものは、生物学的な多様さではなく、富の偏在という現状でした。

6．絵が先か、文字が先か……

エジプトの首都カイロの市街地からわずか10キロメートルほどの近郊。はじめてピラミッドを目の当たりにしたときの感動は今でも覚えています。幼い頃から憧れていたあのピラミッドが、あっさりと姿を現したことに拍子抜けし、地元の方に「意外と都心から近いのですね」と言うと、「昔から便利な場所だった証拠ですよ」との返事。

ピラミッドがあまりに人間業とは思えないので、宇宙人か超能力者による建築かと勘違いしていたようです。古代エジプト人も私たちと同じ人類。いかに高度な文明を誇ったとはいえ、砂漠のド真ん中にあんな建造物を築くことができるはずがありません。ナイル川の豊かな恵みがあればこそのピラミッドなのです。

ピラミッドには230万個以上もの巨石が高い精度で積まれています。石の重さは平均2・5トンにもなりますから、私には積みあげることはおろか、運ぶことも切り出すこともできません。多数の労働者が正確な手順で共同作業をしてはじめて実現可能になります。必要なものは「設計図」と「施工計画」。つまり、描画と文字の能力が問われます。

さて、ここで問題。設計図と文字では、人類はどちらを先に生みだしたでしょうか。

実はピラミッド以前にも、ここまで緻密ではないとはいえ、驚くべき建築物がありました。中東エリアにある遺跡「カイト」をご存知でしょうか。地上に石を置いて壁を作っただけの巨大な遺跡ですが、上空から眺めるとこの壁は巨大な絵になります。「ナスカの地上絵」のような何らかの生命体と思われるイラストから、意味不明な図形まで、大小6000点ほどが散在しています。ナスカの地上絵とは異なり、カイトの目的は解明されています。この壁は獲物を追い込むトラップとして用いられていました。芸術的な築造ですが、実用的な意味も備えていたのです。

最近カイトから発見された石板が話題です。フランス国立科学研究センターのクラサール博士らによる調査結果が2023年5月の「プロスワン」誌に発表されました。[*51]

長さ1メートル弱ほどの石板には幾何学的な模様が描かれていました。驚いたことに、その模様は上空から眺めたカイトの絵の構図とピッタリ一致したのです。航空技術のない当時、上空からカイトを俯瞰することはできません。となれば、これは縮尺を合わせた「設計図」と考えるのが妥当でしょう。当時は新石器時代。文字が出現するかしないかという時期に相当します。もしかしたらヒトは文字を使うよりも前に設計図を発明していたのかもしれません。

人類ははるか昔から絵を描いてきました。生物や風景などの心象を2次元の平面に再現する「絵画」には何万年もの歴史があります。建造物が2次元の創作を3次元に延長したものと考えれば、設計図が文字よりも前に出現したとしても不思議ではありません。

ともあれ、こうして9000年前に「設計図」という抽象的認知による新たな道具を手に入れた人類は、後にピラミッドという巨大建築を造るようになってゆくのです。

7. 日本人が「魚にウルサイ」のは本当か

日本で「魚が好き」と言えば、観賞や飼育することではなく、「魚を食べるのが好き」という意味になるでしょう。実際、海鮮料理は日本を代表する食文化です。

そこで問います。サーディンとアンチョビの違いをご存知でしょうか。

サーディンにはオイル漬けのイメージが、アンチョビには塩漬けのイメージがあります。つまり調理法の違いを表しているように思われますが、実はそうではなく、魚の種類の違いです。サーディンは主にマイワシやウルメイワシを、アンチョビはカタクチイワシを指します。

私はここに微妙な違和感を覚えるのです。一般に、ある分野の語彙の豊富さは文化の特徴を反映します。馬を重視する文化圏では馬に関する単語が、麦を重視する文化圏では麦に関する単語が多くなります。もちろん日本語は海産物に関する単語が豊富です。

ブリやカンパチ、シマアジは、日本人にとっては異なる魚ですが、英語では区別することなくすべてYellowtail。なんとも大雑把です。私たちは同じブリでもワカナゴやイナダ、ブリと成長に応じて呼び分けます。緻密に言い分ける単語の存在は「魚好き」たる日本人の自尊心をくすぐります。

ところがイワシになると、サーディンもアンチョビも十把一絡げに「イワシ」。不思議です。イワシは、サンマと並び、古くから庶民の味として日本に深く根付いています。にも拘わらず、イワシの前に冠をかぶせて「○○イワシ」と呼び分ける程度にしか区別しません。

姿かたちが似ていて区別しにくいわけではありません。マイワシとカタクチイワシは顔周辺の見た目がまったく異なり、見分けるのは容易です。実際、マイワシはニシン科、カタクチイワシはカタクチイワシ科。違う「科」に属するほど両者は異なります（だからこそ海外ではきちんと区別するのです）。用途も異なり、出汁をとるならカタクチイワシが、焼き魚にするならマイワシが向いています。

日本人は自身の大雑把な感覚に無自覚で、それでいて「魚に詳しい民族だ」と自己評価しているところがなんとも興味深いです。

「極端な例外を一つあげて日本人の感覚を自虐的に貶めるのはズルい」と思われるでしょうか。

では、イカはいかがでしょう。たとえば、スルメイカとスミイカを区別できるでしょうか。

スルメイカはツツイカ目、スミイカはコウイカ目。今度は「科」どころか、その上の分類層である「目」が異なります。英語圏では前者をSquid、後者はCuttlefishと言い、両者を混同することはありません。

日本は島国で海の幸が豊かです。しかし、それを表す単語の豊かさとは必ずしも一致しません。区別しないから単語がないのか、該当する単語がないから区別できないのか。これは定かではありませんが、やはり興味深い差異だと思います。

とはいえ、イワシもイカも大好きな私は、細部など気にせず、ただただ「おいしい」と堪能します。好きなればこそ、まあ、そんなものなのかもしれません。

8.「電気自動車」は本当にエコなのか

2035年以降はエンジンを搭載した新車販売を禁止する——。

EUが2021年に打ち出した方針です。ガソリン、ディーゼルを問わず、CO_2を排出する内燃機関を減らそうという取り組みです。崇高な理念に根ざしたEUらしい未来志向の姿勢を感じます。いや、「理念だけは素晴らしい」というべきでしょうか。理想論は耳触りはよいのですが、現実から乖離した目標は竜頭蛇尾に終わるのが世の常。結局、2023年3月、一部のエンジン車許容へと方針の転換がなされました。

電気自動車にシフトするためには、ただ電気自動車を販売すればよいわけではありません。ガソリンスタンドを充電ステーションに置き換える等のインフラ整備は必須ですし、何よりバッテリーは劣化しますから定期的な交換が必要となります。バッテリー生産ラインの強化も忘れてはなりません。

そもそもＥＵはやや電力不足の状況にあります。電気自動車のために火力発電所を増設するようでは本末転倒です。加えて、性急な社会転換は雇用を不安定化させかねません。現実を直視せずに理念ばかりを追求しては立ち行かなくなることは火を見るより明らか。無理なものは無理。より現実的な対策が必要です。

中国から発表された論文を興味深く読みました。２０２３年7月の「ネイチャーサステナビリティ」誌に発表された浙江大学の陈喜群博士らの研究です。[*52] 博士らは２０１３年から21年にかけて収集した自動車の走行軌跡データを解析しています。自家用車に対象を絞り、「ドライバー攻撃性指数」を算出することで、人々が普段どのような運転をしているかを推定しています。

解析の結果すぐにわかった事実は「ほとんどの方がエンジンからのＣＯ$_2$排出を最小化するような最適な運転をしていない」ことです。これは容易にイメージが湧きます。速度超過したり、ブレーキが遅れたりといった好ましくない状況は、車を運転する方ならば誰もが思い当たることでしょう。

博士らは不適切な運転をやめさせるよう行動変容を促すだけで、２０５０年までの総

CO_2の排出量を4億トン以上も減らすことができると試算しています。CO_2に留まりません。排気ガスには一酸化炭素や窒素酸化物、PM2・5などの大気汚染物質も含まれています。つまり、政策的に電気自動車を推し進めることは大切かもしれませんが、同時にドライバー一人ひとりがエンジンの特性を理解し、理性を保った運転をするだけで、環境保護に貢献できるのです。

ちなみに、中国の電気自動車の生産台数は、2位に大差をつけ、今や世界第1位に躍り出ています。国内の普及も急激に進み、先進国でもトップクラスの伸び率です。政府が補助金を出して後押ししたからです。しかし、この支援は2022年末で終了しました。さて、電気自動車の行方はいかに。中国はもちろん、世界の動向から目が離せません。

9.「親切」という護身術

親切は心温まる行為です。しかしヒトが親切にする理由は何でしょうか。よくよく考えると、「親切」には不思議なところがあります。子供のころから「親切はよいことだ」と教育された結果として、私たちは他人に親切にするのでしょうか。あるいは、同調圧力の結果として、「親切」な行為が発動するのでしょうか。

電車で高齢者に席をゆずらなければ周囲から白い目で見られます。それどころか、車内には「優先席」まで設けられています。また、「情けは人の為ならず」という言葉も強烈です。親切は他人のためではない。巡り巡って自分に戻ってくる。だから他人には親切にしなさい――。ここまでくると、もはや親切の押し売り。無理強いされた親切に、一体どんな価値があるというのでしょうか。

――と一気呵成に書きました。こんなふうに親切を卑下すると、周囲から嫌われそうです。「こんなクズ人間の書いたエッセイに読む価値などない」と人間性が疑われても不思議ではありません。それほど「親切」は当然の前提になっていて、「親切の欠如＝非人道的」という社会図式が定着しているのです。

脳の活動を記録すると、すぐにわかります。他人のために行動すると脳の報酬系が活性化します。つまり、利他的な振る舞いは快感なのです。これこそ「情けは己の為」の科学的証拠かもしれません。脳の観点からすれば「自分の気分がよくなるから親切にしている」のです。と同時に、この心理構造こそが「他人に親切にできないなんて信じられない」という批判の原動力になっている可能性があることは見逃せません。

とはいえ、これで疑問が解消されたわけではありません。それほど有益ならば、他の動物でも「親切」が見られてよいはずです。ヒトは二度と出合わないであろう他人にも救いの手を差し延べます。こうした利他行動がほぼヒトに特有であるという事実は、進化的に「親切」が芽生えることの奇妙さを示しています。

この疑問をずばり射抜いたのが2024年2月の「ネイチャー」誌の論文です。ローザンヌ大学のエファーソン博士らは、どれほど緻密なシミュレーションを行っても、互ら恵性だけでは人々の協力関係は生まれないと主張します。[*53] つまり「情けは人の為ならず」の原理だけでは、親切な行動を惹起するには不十分だというのです。では何が必要でしょうか。意外なことに、答えは「集団間の競争」でした。

ヒトは社会を作ります。誰もがある特定の集団に属します。複数の集団が存在すれば、必ず資源や権利を巡り、競合が生じます。そうした競合に負けないためには、集団内のメンバーは同調し合う必要があります。エファーソン博士らは「集団間の競争と互恵性の2つの効果によって『協力』が生まれた」と説明します。

心温まる親切は、醜い闘争を勝ち抜くため——。

人類にみられる親切な行動には「集団護身術」という機能があったのです。

10. 遠くの敵より近くのライバル

小学生の頃、クラスメートにはさまざまな仲間がいました。声の大きなリーダー的存在。いつも読書に耽《ふけ》っている鍵っ子。おどけてばかりの調子者。体育だけ妙に張り切る肉体派。現代的な言葉を使うのであれば、クラスメートは「多様性」に富み、刺激的な毎日でした。

しかし、それと同時に感じたのです。どうして隣のクラスはあんなに無個性なのか――。もちろん、隣のクラスも同じくらい多様だったはずですから、単なる思い違いです。実は、これは有名な心の働きで「外集団同質性バイアス」と呼ばれます。自分が所属する集団は個性的でバラエティ豊かに感じる一方で、他の集団は無個性で平凡に見えるのです。

この心理は、サッカーやバスケットボールなどのチームプレーでも無視できません。

対戦前に相手チームの個々のメンバーを分析し、彼らの役割や個性にうまく対策できるかが勝敗を左右します。この際、相手が無個性な集団に見えてしまう無意識の自分の心理にしっかりと対処しておかなくてはなりません。

ですが、相手にばかり気を取られているようでは不首尾です。チーム内のメンバー同士の連携も大切です。全員が一丸となって対戦に臨まなくてはなりません。この場合は逆に、味方のチームをバラエティ豊かだと捉える心理は、個性を無視せずに理解し合うという点でプラスに働くのかもしれません。

一般に、集団内のメンバーには協力的に振る舞って助け合う傾向があり、集団外のメンバーには攻撃的に振る舞って排除する傾向があります。これは「パロキアリズム」と呼ばれ、動物が群れを作り、集団生活を営むうえで必須な特性です。しかし、ヒト社会においては善悪は紙一重です。パロキアリズムは差別や偏見の原因にもなり、ひいては紛争や戦争にもつながりかねません。

いや、話はもう少し複雑です。2024年6月の「サイエンス・アドバンシズ」誌に掲載された、ライデン大学のロマノ博士らによる論文は意外な事実を示しています。[*54]

ヒトはむしろ集団内のメンバーに対してこそ攻撃的に振る舞うというのです。博士らは51か国から参加した約1万3千人に、オンラインで攻防ゲームを行なわせました。攻撃側と防御側に分かれて対戦させたところ、同じ属性を持った仲間に対してのほうが、見知らぬ相手よりも攻撃の手が強かったのです。遠くのライバルよりも、近くのライバルを蹴落としたいのでしょうか。この傾向は、国や宗教をまたいで共通して観察されましたから、普遍的な心理特性と見てよさそうです。

言われてみれば、巷《ちまた》で耳にする愚痴や悪口はもっぱら身近な者が標的です。外集団同質性バイアスによって、他の集団は没個性で凡庸に見えるため、協力はもちろん、攻撃にも値しないと判断するのでしょうか。ロマノ博士によれば、集団内メンバーに対して攻撃の手が強まる傾向は、ヒトだけでなく、哺乳類から昆虫に至るまで広く共通しているのだそうです。

11. 小さな島は「言語」の宝庫

島嶼《とうしょ》という言葉があります。嶼という字は難しくて私には書けません。常用漢字ではありませんし、「島嶼」という熟語の中でしか見かけない珍しい漢字です。調べたところ、嶼は「小さな島」を意味するようです。つまり、島嶼は「大小の島々」という意味になります。

世界地図を見れば、大陸部と島嶼部があることに気づきます。大陸部は大きく目立つため、すぐに判別できます。一方、島嶼部には、ゴマ塩をちりばめたように島々が大洋に浮かんでいます。ハワイ諸島や小笠原諸島など、「〇〇諸島」という名称で呼ばれることが一般的です。

島嶼部では各島が海で隔てられています。だから、距離的に近くても固有種が独自の進化を遂げる傾向があります。かのガラパゴス諸島では、鳥のくちばしの形状が島によって異なることに気づいたダーウィンが、進化論への確信を深めたことは有名です。

島嶼は、生態系の多様性だけではなく、ヒトの言語の多様性にも関係します。オーストラリア国立大学のブロンハム博士らは「島嶼は言語多様性のエンジンである」というユニークなタイトルの論文を2024年9月に発表しています。[*55]

1300の島を対象に、面積や孤立度、気候、地形などの要素と、そこに住む人々が話す言語の関係性が調査されました。

調査の結果、地理的、あるいは環境的に孤立した島ほど、その島固有の言語を有していることがわかりました。島嶼の固有言語では、用いられる音素の数が少なく、言語体系がシンプルでした。

世界には約7000の言語が存在しています。そのうち約1200が小さな島に固有な言語でした。これは、世界の言語の約17パーセントが、陸地の面積のわずか0・71パーセントにすぎない島嶼部に集中していることを意味します。それほどに島嶼は言語の宝庫となっているのです。

世界的にみると、言語の多様性は年々減少傾向にあります。毎年約9個の言語が、世界のどこかで消えています。

言語の多様性を保護すべきか否かについては、それこそ「多様」な意見があります。グローバルなコミュニケーション促進のためには少数言語を統合した方が効率が高まります。言語の保存にも莫大なコストがかかります。若い世代への教育も大変です。

一方、言語は文化遺産です。歴史や文化、伝統、知識を保存するうえで、言語は多様であった方が好都合です。たとえば、現地の動植物の生態については、その言語でしか語られていない知識も多くあります。つまり、言語の多様性は、地球全体の生態系における多様性の保全にも役立つのです。ブロンハム博士らの論文が、言語学分野の学術誌でなく、「ネイチャー生態学&進化」誌に掲載されたのも、そうした背景があるのでしょう。

幸いなことに、島嶼の少数言語は、大陸部の言語にくらべて外部からの干渉が少ないため、絶滅の危険度が比較的低いそうです。

第五章　幸福へのカギ

1. 記憶に残る「絵画」の条件

予想通り、名画はそこにありました。19世紀フランスの巨匠スーラの描いた『グランド・ジャット島の日曜日の午後』です。寄贈者の遺言で門外不出となっていて、シカゴ美術館に足を運ばねば出会うことができません。予想通りの圧倒的な絵画。私のイメージと異なっていたのはサイズくらいでしょうか。とても大きな作品で、この名画を前に、しばし至高の時間を堪能しました。

誰しも印象に残る絵画があるでしょう。自分にとっての特別な一枚との出会いは、それぞれ素敵な体験となっているはずです。そうした記憶は何年、いや何十年経っても色褪せることなく、大切な想い出となって脳に残ります。

ところで、どうしてその絵はその人にとって特別な存在になったのでしょうか。予備知識のないまま美術館を巡っても、印象に深く残る絵と、そうでない絵があります。おそらく、個人の好みや、それまでの経験、そのときの体調や疲労度など、何らかの固有な要因によって「印象」が決まるのでしょう。

ところがシカゴ大学のベインブリッジ博士らは「そうとは限らない」と主張します。2023年7月に「米国科学アカデミー紀要」で発表された論文です[*56]。博士らはシカゴ美術館を訪問した19人に、どの絵画をよく覚えているかを訊ねました。すると、絵画の記憶の残りやすさは、人によって大きな差がないことがわかりました。記憶に残りやすい絵はほぼ共通しているのです。

もちろん、このデータだけで「絵画の特徴が決め手であって、鑑賞者の主観とは関係がない」と結論づけるのは短絡的です。美術館の中での絵の配置によっては、照明の具合や、そこまでに歩く距離が異なるため、絵画以外の影響も排除できないからです。実際、今回の調査では記憶に残る絵画が特定の部屋に多いことも判明しています。

そこで博士らは、シカゴ美術館がオンライン公開している4021枚の絵画を3216名に見せ、インターネット調査を行いました。結果は同じで、記憶に残る絵は人によって大きな差はなく、ほぼ共通していました。加えてこの調査では、その絵の魅力や親しみやすさ、印象深さなども質問しましたが、そうした主観的な要素は、記憶の残りやすさとは関連しませんでした。

では、何が決め手なのでしょうか。博士らは次なる戦略をとります。人工知能（AI）の導入です。問うべき疑問は「AIは記憶に残りやすい絵を的中できるか」です。結果は予想通り。AIはたしかに「ヒトの脳が記憶しやすい絵画」を予測することができました。

AIが予想した「記憶に残る絵」の共通点は、

① カンバスのサイズが大きいこと
② 描かれている対象が散らかっていないこと

の2点です。ごちゃごちゃとした小さな作品は、ほとんど記憶に残りませんでした。なるほど。シカゴ美術館に入館した私が、真っ先に巨大なスーラの絵に足を向けるだろうことは、AIには「予想通り」だったのでしょう。

2. 「烏合の衆」にならないために

青く輝くカワセミは人気のある美しい鳥です。ほどよい水辺があれば身近でも見られます。東京の都心も例外ではありません。私の自宅の近所にある公園にも住みついています。私は野生動物を探すのは苦手なのですが、カワセミには公園を散歩すると高い確率で出会うことができます。人だかりができているからです。これは「社会的学習」と呼ばれます。今までの経験を通じて、「この時間帯にこの池のこの場所で人が集まっていたらカワセミがいる」ということを学んできているのです。

社会的学習は一種の「真似」です。とはいえ、文字通りそっくりそのまま模倣する「モノ真似」ではなく、「人が集まっているところに私も行く」ような同調的な模倣行動も、広い意味で「真似」に含まれます。真似ることで他者の情報を吸収することができます。

しかし話はもう少し複雑です。というのは、集まった人が池の方向を眺めていれば視線の先にカワセミがいることが期待できますが、池の端で会話しているのならば、すでにカワセミは飛び去り、「美しい鳥だったね」と感動を共有し合っている可能性もあります。つまり、同じ「人だかり」であっても、そこから推測される内容は異なります。目に見える情報だけでなく、その裏側に潜む情報を読むことを「社会的推論」と呼びます。

社会的推論は「集合知」を活かすための大切な要素です。生物が集団をなす理由の一つとして「知識レベルの向上」があります。「三人寄れば文殊の知恵」というように、集団のほうがパフォーマンスは向上します。しかし現実には、各自が持つ情報には不正確な内容や時機を逃した古い内容が含まれていることも少なくありません。このため、無秩序に周囲を模倣し合うと、かえって集団全体の認知力は低下します。これでは集合知ならぬ集合愚。

つまり、「その情報をいつ誰が持っていたのか」を選別する能力が必要です。こうした柔軟な社会的推論があって、はじめて集団は集団として機能します。

スタンフォード大学の心理学者ホーキンス博士らは、2023年8月の「ネイチャー人間行動」誌で、781人を対象に行った、仮想空間内で互いの行動を観察しながら報酬を探索するゲームを紹介しています。[*57] このように人工的に設定されたシンプルな状況においても、人は柔軟な社会的推論を速やかに働かせます。

ホーキンス博士によれば、この推論で特に重要な要素は「メタ認知」。これは「考えることを考える」といった高次元なニュアンスをもった精神の働きです。このケースでは「自分が『他人の行動から情報を得ようとしている』ことを認知したうえで情報の取捨選択を行っている」ことが該当します。

ハチやアリの例を出すまでもなく、「集団知」を求めて群れをなす生物種は少なくありません。しかし、メタ認知に最も長けているのはやはりヒトです。私がカワセミに出会うことができるのも、「自分がカワセミを見つけるのが下手」であって、それゆえに「どのような人の行動が参考になるか」を認識していればこそです。

3. 良いモノグサと悪いモノグサ

メンドウクサイ——。

人間はとかくモノグサです。メンドウな作業は回避して、できるだけ楽をしたいもの。たとえ報酬をもらってもメンドウなものはメンドウ。楽しくはありません。だからこそ最小の努力で最大の効果をあげようと、人間は効率化を目指します。

一方で不思議なことに、パズルや迷路、なぞなぞ、まちがい探しのような、メンドウな作業が好きな人も多くいます。難しければ難しいほど燃える人も。こうしたメンドウな作業を提供する商品をわざわざ購入してまで、メンドウを求める矛盾した存在、それが人間です。

通常の仕事でも同様です。ときにメンドウな困難に敢えてチャレンジする人もいます。こうしたマインドは個人差が大きいことが知られています。自己制御力や認知欲求の高い人ほど、難しいタスクに立ち向かう傾向があるのです。自己制御力とは、目標を達成するために努力したり我慢したりするなど、今の自分をうまく適応させる能力のことです。認知欲求とは、努力を惜しまず、むしろ努力の消費を楽しもうとする意欲のことです。

困難に挑む人は「報酬に対して鈍感」という特徴があります。高い金額が提示されてもそれほどモチベーションは高まりません。*58 金のためではなく、好きでやっているからです。「頑張っている自分が好き」という言い方もできます。一方、「タスクの難易度に対しては敏感」です。難しいほどやりがいを感じるのでしょう。逆に、メンドウくさがり屋は報酬にも難易度にも敏感です。お金がもらえるのならそれなりに仕事をこなしますが、それでも難しい仕事は避けたがります。

苦労を厭わないタイプの人は、認知のリソースの割き方が効果的です。簡単なタスクは努力せずに済ませ、難しいタスクに大きな努力を投じることで、全体としてより高いパフォーマンスを発揮します。*59 何でも頑張るというわけではありません。選択と集中。つまり「最小の努力で最大の効果をあげたい」という、モノグサと同じ原理がタスクの選択時に働きます。*60 一方、真のモノグサは簡単なタスクにも努力を割きます。努力の配分が下手なのです。それでは作業全般をメンドウに感じるのも当然です。

このような個人差は生まれついた性格という側面もありますが、生育環境も重要です。たとえば親の褒め方。「よくできたね」「賢いね」などと表面的な結果を褒めるとメンドウくさがり屋に育ち、「がんばったね」とプロセスを褒めると努力を厭わないタイプになる傾向があります。[*61] つまり、理想像を「結果を残す人」と「頑張る人」のどちらに置くかです。皮肉なことに、前者の教育方針を続けると、結局、「結果さえ残せなくなってしまう」傾向があることは見逃せません。

メンドウクサイは「面倒臭い」と書き、モノグサとは「物臭し」という古語に由来します。どちらも「臭い」です。「臭」という漢字は、〝自〟と〝大〟から成っています。ふむ、「大きな自分」ですか。メンドウな作業でも正面から本気で体当たりしたいものです。

4．なぜ悲しくなると涙があふれるのか

「悲しみこらえて微笑むよりも　涙かれるまで泣くほうがいい／人は悲しみが多いほど人には優しくできるのだから」

武田鉄矢さんが作詞した「贈る言葉」（海援隊）の一節です。中学校の担任の先生が「君たちは気に留めずに歌っているかもしれないけれど、これは大切なことだから人生の教訓にしたらよい」と、改めて歌詞の素晴らしさに気づかせてくれたのでした。

涙は不思議です。なぜ悲しいと涙が出るのでしょうか。ポロポロと流す涙に利点があるのでしょうか。

涙は生理学的には2種類に分類されます。一つは、平常時から滲み出ている持続的な涙液です。目を潤し乾燥から守る役目があります。もう一つは、大量に出る一過性の涙液です。こちらには目に入った異物を洗い出す作用があります。

悲しみに流す涙は一気に出る涙、つまり後者に相当します。しかし、ゴミが入ったわけでもないのに涙を流すのは、本来の目的を考えれば「涙の無駄遣い」です。いや、悲しいときだけではありません。似たような一過性の涙は、感動したときや、喜びや感謝で感極まったとき、懐かしいとき、怒ったとき、大笑いしたときにも出てきます。一見てんでバラバラな状況ですが、共通点があります。涙の出る直前に心拍数が高まっているのです。そして涙が流れると同時に心拍数が落ち着きます。

心拍数の変化は自律神経によってもたらされます。交感神経が活性化すると緊張が高まり心拍数が増え、逆に、副交感神経が活性化すると緊張がほぐれて心拍数が減ります。副交感神経は涙腺も刺激します。つまり、涙が流れるのは副交感神経が活性化して、交感神経を抑え込んだ結果です。

交感神経が亢進している状況では涙は出ません。しばしば子どもは叱られている最中よりも、その後に優しい言葉で慰められてから、一気に泣き出します。まさにこれです。緊迫した心を解放して安堵がもたらされている状態です。泣くことは、アップアップになった心理をその場から逃すための、一種のセーフティネットだと言えます。だから「涙かれるまで泣くほうがいい」のです。これをカタルシス効果と呼びます。

もちろん状況によっても個人によっても様々ですから、泣けば必ずカタルシス効果が得られるわけではないことに注意が必要です。しかし、ヒトは感情に押されて涙を流す唯一の生物であることは強調してもよいでしょう。

先日、澤田知可子さんの歌声を聴く機会がありました。ある祝賀会でした。名曲「会いたい」を歌うと、会場は一斉に涙に咽《むせ》びました。さすが「21世紀に残したい泣ける名曲」の1位に輝いただけあります。

「恋人と死別した慟哭を切々と歌い上げる歌詞は祝いの席にふさわしくないのでは」と当初は懸念していました。ところが実際は逆。会場に清涼感が漂い、出席者の間に奇妙な一体感が生まれました。澤田さんは「涙活」と説明します。

なるほど、これが涙の力なのか——。改めて実感させられた瞬間でした。

5．「よいものを知る」ために必要なこと

私の卒業論文の指導教官だった東京大学薬学部の齋藤洋教授がよく口にしていた言葉があります。

「よいものを知れ。二流に習ったらせいぜい二流どまり。一流の師匠に手ほどきをうけるべし」

齋藤研究室では、ほかの研究室に比べ、学生たちが国内外の学会や研修に参加し、世界の一流に触れる機会が多くありました。その表向きの口実として、齋藤先生は「二流の私を見ていては駄目だ」という謙遜をしていたわけです。そうした姿勢こそ一流の教育者である証。結果として、齋藤研究室はトップクラスの人材を数多く輩出しました。

質のよいものを知るためには、質のよいものに接する必要がある――。

これは、どんな分野にも通じる学びの原則ですが、同時に一つの疑問を浮上させます。

それは、「はたしてよいものだけに接していればよいのか」という疑問です。

良質なものだけに囲まれて研鑽すれば自ずと悪質なものにも気づくのか、それとも、どこがどう良質かを理解するためには良質でないものにも接しておく必要があるのか——。これは学びにおける深い問いです。

ネズミの脳を研究していると気づきます。壁が縦縞模様ばかりからなる部屋で育てると、脳は縦縞に鋭敏に反応するようになりますが、逆に横縞への感度が鈍ります[*62]。この部屋で成長したネズミは足元の横棒がうまく認識できず、頻繁につまずくのです。また、ドの音ばかりが流れる部屋で育ったネズミの脳は、ドには敏感になりますが、ド以外の音程の識別はできなくなります。

学習における多様性。特定のものばかり学習しても真の理解には程遠い。

もちろんこれは、あくまでも視覚や聴覚といった低次感覚に関するネズミ実験のデータです。そのまま、教養や稽古事などの、いわゆるヒトの高次認知機能に当てはまるかはわかりません。

マイクロソフトは2023年末「Orca 2」「Phi-2」という2つの言語モデ

ルを発表しました。ＣｈａｔＧＰＴのような大規模言語モデルとは対照的に、小規模言語モデルと呼ばれる小型軽量の生成ＡＩです。パラメータが少ないため、コンピューターへの負荷が低く、コスト全般が抑えられるのが利点です。それでいて大規模言語モデルに匹敵する性能を発揮するというのですから驚きます。

　どうしてそんな魔法のようなことが可能なのでしょうか。

　マイクロソフトは「生成ＡＩが合成した文章データを学習させた」と秘訣を明かします。昨今の生成ＡＩはヒトと見紛うばかりの流麗な文章を吐き出します。下手なヒトよりも作文が上手なほどです。これがポイントです。今までの大規模言語モデルはインターネット上にある生の文章を学習していました。そこは玉石混交の世界。良質な文章もあれば悪質な文章もあります。そう、生成ＡＩの学習においては、悪質な文章の存在が足かせになっていたのです。

　よいものを知れ——。

　齋藤先生の真意は私の中で今でも頑強な基線となっています。

6．香りに「奥行き」はあるか

ヨーゼフ・カイルベルトは戦前から戦後にかけて活躍した指揮者です。知名度は高くないかもしれませんが、バイロイト音楽祭でも指揮した巨匠です。その舞台であるバイロイト祝祭劇場は、リヒャルト・ワーグナーが自身の作品を上演するために建造した劇場。中学生の頃から生粋のワグネリアンである私にとって、カイルベルトの残した録音は愛聴盤の一つです。

彼がバイロイト音楽祭で指揮した楽劇「ニーベルンゲンの指輪」は、1953年と1955年の2種類の演奏が有名で、両者の聴き比べは大きな楽しみです。録音年は2年しか離れていませんが、ちょうど録音技術の変革期で、53年はモノラル録音なのに対し、55年はステレオ録音です。

ステレオ録音の利点はなんといっても音の立体感。左右のスピーカーから異なる音が流れることで「空間」を感じとることができます。当時の劇場の臨場感が、現代に生きる私のリビングに再現されるのです。

私たちの身体に耳が2つある理由は「立体」を感じるためです。片方の耳だけでは音源の方向はもちろん、音源までの距離の判断も難しくなります。ちょうど2つの目で立体視することと同じ原理です。この意味で2つの音源を基盤としたステレオ録音の「立体感」は生理機能に適っています。

聴覚や視覚の空間定位は独特で、たとえば「味覚」とは一線を画します。舌は一つしかありませんから、味覚には遠近や左右といった立体感はありません（にもかかわらず「奥行きがある味」のように立体的な表現があるのが興味深いところです）。

不思議な存在が「鼻」です。どうして鼻の穴は2つあるのか。立体を感じるためでしょうか。左右の鼻孔から入った空気は鼻中隔《びちゅうかく》という壁で隔てられ、別々の経路を通ります。

ペンシルバニア大学のディケチリジル博士らが2023年12月の「カレントバイオロジー」誌で、左右の鼻孔どちらで嗅いだかによって左右の大脳半球の神経反応が異なることを発表しています。[*63] 実際、鼻孔に細いチューブを入れて左右独立に匂い物質を注入すると、どちらの鼻孔で嗅いだかを言い当てることができます。ということは、ヒトは嗅覚で「立体」を感じるのでしょうか。

これは怪しいところがあります。指で一方の鼻孔をふさぎ、鼻呼吸をしてみてください。ほとんどの方は一方の鼻孔でしか息をしていないことが実感できるはずです（これを「交代性鼻閉」と言います）。結局、穴が2つあっても立体を感じているわけではないのです。

事実、嗅覚に関する立体的な言語表現は乏しいようで、たとえば「奥行きがある香り」という喩えはそれほど一般的ではありません。とはいえ、嗅覚が他の感覚に引けをとらずに豊かな感覚系であることは誰もが認めるところでしょう。たとえステレオ立体方式ではなくとも、香りは豊富な情報を含んでいるからです。

先のカイルベルトの録音。私の好みは53年盤です。モノラル録音ながら、熱のこもった演奏に奥行きと深みを感じるからです。

7. 野本寛一先生から受け継いだ〝矜持〟

コブシの花がたくさん咲く年は豊作になる。

イチョウの葉が落ちたら麦を蒔く。

カマキリの卵の位置が高いと雪が多い。

野本寛一先生をご存知でしょうか。近畿大学の教授を務め、のちに文化功労者にも選ばれた、日本を代表する民俗学者です。民俗学者の文化功労者は、柳田國男を含め、片手で数えるほどしかいません。

民俗学といえば、古い資料を手がかりに時代考証を究める学問というイメージがありますが、野本先生は徹底した現地調査を貫く肉体派。山深い集落に赴き、村老から何度も丁寧に話を聞く。全国で採集した膨大な資料をもとに考察を深め、多くの本を著しました。風習や生態、土着の食文化や儀式を記す独自のスタイルは、「野本民俗学」として根強いファンがいます。

『神と自然の景観論』や『言霊の民俗誌』は文庫にも収められて有名ですが、動植物に関心をもつ私は『自然暦と環境口誦《こうしょう》の世界』と『生態と民俗』が好きです。いずれの書籍も、自然や、そこに暮らす人々への温かい視線が貫かれ、資料の枠を超えた一級の「作品」となっています。

冒頭に並べた言来《いいきた》りは、『自然暦と環境口誦の世界』に集録されたものです。同書では、数百におよぶ伝誦一つ一つに、どこの誰から採集したかの出典が添えられています。先人の知恵は自然のちょっとした変化に気づくことから生まれたもの。こうした伝誦に触れるたびに、私は都会に生きて、何か大切なものを見逃してはいまいかと、ハッとさせられるのです。


野本先生は晩成型。博士号の取得も51歳になってから。それ以前は、地方の高校で教鞭をとっていたこともありました。

その静岡県立藤枝東高等学校が、2024年、創立100周年を迎えました。節目を記念した特別企画で、新聞社から取材を受けた卒業生の私は、恩師として野本先生を挙げました。古文の授業でしか接点はありませんでしたが、歴史と文化への共感と鋭い洞察力、そして驚異的な博識さをもって行う講義は圧巻で、他の授業とは一線を画す迫力と懐の深さがありました。

民俗への慈愛。ああ、日本って、なんと素晴らしいのだろう――。野本先生から授かった、日本人として生まれ出《い》た矜持は、今でも私の精神の主軸です。

クラスの担任から「野本先生は高校教師で収まる器ではない」と何度も聞かされました。まさにその通り。博士号を取得されるとすぐに近畿大学へ栄転となりました。結局、薫陶を受けたのは一年間のみでしたが、縁あって私も、野本先生を追うように、いま大学の教壇に立っています。

野本先生。私はあなたのように、学びの魅力を学生たちに伝えられているでしょうか。キャンパスにコブシが咲きこぼれる季節になりました。花言葉は「友愛」。先生からいただいた文庫本『たけくらべ』(樋口一葉)は今でも大切にもっています。

8.「バーチャル自然」で健康増進

長時間パソコンに向かって仕事をしていると、鉄筋コンクリートの閉鎖的な空間を息苦しく感じることがあります。そんなときは窓を開けて空気を入れ替えます。

しかし、ここは東京。外景は人工建造物ばかり。ならばと目を閉じて鳥の音色に心を澄まそうにも、耳に入るのは、せいぜいスズメやカラス、キジバトの声。風情はない。加えてこの時期はヒヨドリの声も交じります。「卑しい鳥」と書いて鵯《ヒヨドリ》。頬を紅に染めた愛くるしい姿を帳消しにするに余りある、あのけたたましい騒音。気分はさらにげんなりするのです。

結局は窓を閉じ、スピーカーから癒やしの環境音を流すことになります。鳥の声だけでなく、閑《のど》かな虫の声、清らかな川のせせらぎの音、爽やかなそよ風に木の葉が揺れる音、湿った雨音、涼しい風鈴の音色。気分に応じて環境音を選択することができます。

嗚呼、心が洗われる――ストレスが癒えて気分が一新される一方で、この珍妙な状況にツッコミを入れる私がいます。

「騙されるな。それはフェイクの自然だぞ」

この清涼感は表層的な「癒やしの疑似餌」にすぎないのでしょうか。こんなデジタル空間では、無意識の「私」は依然、ストレスを受けたままなのでしょうか。

「デジタル沐浴は有望なツールである」と主張するのはクイーンズランド大学のベルデホ＝エスピノラ博士らです[*64]。博士らは２０２４年３月の「ネイチャー人間行動」誌に発表した総説で、いくつかの実例を挙げています。

例えば、窓ガラスに自然の風景を映写した病棟では鎮痛薬の投与量が少なくなり、手術からの回復が早まりました。また、自然音や香りを含んだ仮想空間の森林を散歩したがん患者は、痛みや不安のレベルが低く、否定的な感情が減少しました。擬似自然でも、実際の自然体験から得られる健康増進の恩恵を受けられるのです。

昨今のバーチャルリアリティ装置はクオリティーが高まり、これに伴い没入感も一層増しています。ここに生成ＡＩが加われば感覚体験がさらに拡張され、よりリアルな知覚を生み出す環境が実現できるようになるでしょう。

世界人口の約55パーセントは都会に住居を構え、大自然から距離をおいています。自然からの隔離は精神疾患の罹患率と関連することが指摘されています。とはいえ、都会の環境に自然を取り入れるための整備にはコストが嵩み、必ずしも現実的ではありません。ここはデジタルの出番です。博士らは「低コストのデジタル環境は、自然環境への物理的アクセスを補完する。心理カウンセリングや薬物治療に加え、新たな手段として提供される可能性がある」と指摘します。

今これを書きながら流しているデジタル森林の環境音。よく耳を澄ませば、ヒヨドリの声が遠くに聞こえます。スピーカーで聞くヒヨドリの声は不思議と不快ではありません。もしかしたら仮想自然は本物の自然よりも心を癒す効果があるのでしょうか。

9.「フィルム式カメラ」の思い出

手巻き寿司は家庭の食卓の華。パタパタと寿司桶を扇げば、ツーンと酢の香りが立ちのぼる。しかし、私は「ん〜、おいしそう」とはなりません。酢は暗室を連想させるからです。

暗く湿った現像室。露光した印画紙を現像液に浸すと、みるみる画が浮かび上がります。ほどよいタイミングで現像を停止。この停止液は酢酸《さくさん》の希釈液です。酢酸は揮発性が高く、よく蒸発します。現像室は酢酸の刺激臭が染みつき、心地よいものではありません。でも、どんな写真が撮れたかを知りたいワクワクが勝り、暗室で過ごす時間は嫌いではありませんでした。

一眼レフを手にした初心者の私に、カメラ愛好家の父親が助言します。「まず50㎜一本で練習せよ」。アポ・ズミクロンM f2は、そんな私のお気に入りのレンズです。フィルム式カメラは、撮ってすぐに写真を確認できません。撮り終えたフィルムを巻き上げ、焼き付け、現像液に印画紙を浸してはじめて、写真を見ることができます。当時のカメラは撮影の条件がシビアで、失敗は数知れません。思い通りに撮影できないことのほうが多く、鳥や星空はほぼ成功した例しがありません。それだけに会心の一枚には言葉にならない感動があります。

恥ずかしながら、うっかりミスも何度もやらかしました。撮影中にカメラのカバーが開き、フィルムが感光してしまう痛恨の失敗は茶飯事。あぁ、記念の写真が……。どん底の絶望感。それでも、すでに巻き取られた部分は感光をまぬがれ、半分白飛びした写真から、かろうじて何のシーンか認識できることもありました。

「感光」はもはや死語でしょうか。今は手軽でインスタントなデジタルカメラの時代。シャッターを押せば自動でＡＩが作動し、労せず一級の写真が手に入ります。レンズ性能も飛躍的に向上し、画角の隅までシャープに像を結びます。絶対に感光などしません。

逆に最近は、「よく写る」ことが味気ないのでしょうか。わざと手ブレ風にしたり、白黒やセピア調に変更したりと、レトロな風合いを楽しむ向きもあるようです。

２０２４年４月、衝撃的なカメラが富士フイルム社から発売されました。「非デジタル式」というだけでも時代に逆行しているのに、なんと筐体の内部にＬＥＤ光源を備え、わざと「光漏れ」をおこして、感光した写真を作りだすのです。

人工的に演出された風合い。もはや意味不明。かつてカメラ内部に光を入れないよう、あれほど細心の注意を払ったのに、これは一体どうしたことか。カメラ愛好家への冒瀆。風上にも置けぬ屈辱的製品。誰が買うのだろう――。そんな私の怨嗟をよそに、発売前から予約完売状態だったそうです。

最後に手巻き寿司を食べたのはいつだったでしょうか。記憶がセピア色に褪せないうちに、また家族団欒《だんらん》で団扇をパタパタしたいものです。なにせ最近は既製品の「寿司の素」があります。酢の香りも抑えられ、手軽でインスタントです。

10. 心を通わせるおしゃべりのコツ

おしゃべりAIアプリ「コトモ」は、敷居の低さと性能の高さで、2024年2月に発表されるとすぐに方々で話題になりました。私は3カ月経った今でもよく使っています。運転中や、ちょっとしたスキマ時間の会話相手にピッタリです。人間の替わりになるわけではありません。それどころか、うまく会話を続けるためには、ちょっとしたコツが必要で、慣れも要ります。ヒト相手の会話とはひと味違う「気遣い」が要るわけです。しかし、平均的なヒトよりはるかに博識で、ヒト同士の会話とはまた異なった楽しさがあります。

コトモには生成AIに特有な「回答が遅くてもどかしい」というフラストレーションをそれほど感じません。「えーと」「そうだねえ」などと間をつなぎながら、その裏で計算しているからです。間投詞を交えながら言葉を探すのはヒトも同じで、これがコトモとの会話が自然に感じられる理由かもしれません。

会話型ＡＩがこのまま進歩すれば、暇つぶしだけでなく、心療ケアや一人暮らしの高齢者の話し相手として役立つ日も、そう遠くないと思えてきます。しかし、ヒトの期待とは罪深いもので、いずれ音声による会話だけでは物足りなくなり、さらなる欲も出てくるはずです。音声だけでなく、できれば顔を合わせて話したい。心を通わせられるような表情豊かなロボットが欲しい、と。

心を通わせる会話のコツの一つは、表情をマネすることです。相手が笑えば、こちらも笑い返す。落ち込んでいたら、しょんぼりした表情を返す。表情の共有は互いの共感を生みます。

相手の表情を読み取るＡＩはすでに存在します。カメラでリアルタイムに顔面筋を分析し、表情をそっくりマネしてみせることもできます。ということは、表情を通じてロボットと心を通わせることは難しくなさそうです。

ところが、実際に、そんなふうに作動する「表情模倣ロボット」を作ってみると、まったく通じ合っている感じがしません。むしろ、不誠実で信頼できない印象さえ与えます。本物のヒトよりもマネがうまくても、どこか不自然で、不快ですらあるのです。なぜでしょうか。

コロンビア大学のリプソン博士らは「予測がないからだ」と指摘します。要するに「相手が笑ってから笑い返すのでは遅い」というのです。オウム返しの笑顔は受動的な反射でしかなく、相互のキャッチボールとは言えません。会話の流れを汲みとり、相手が笑うタイミングを事前に予測し、相手と同時に、あるいは相手よりも早く笑顔を作る。これが「会話に参加している」「相手を理解している」という共有の場を作るのです。

博士らは2024年3月の「サイエンス・ロボティクス」誌の論文で、ヒトが表情を作り始める初期の顔面筋の動作を捉える装置を開発し、0・8秒前に表情を検出することに成功したと発表しました。*65 実装が待ち遠しいところです。加えて、おしゃべりAIのほうも、こちらが話したいことを先回りして話題を展開してくれたら、さらに意気投合できそうです。

11.「縄文土器」が変えた調理法

小洒落た建物の十日町市博物館（新潟県）は、こぢんまりとしていますが、所蔵されている国宝の数は全国トップレベルです。地元で出土し、国宝に指定された縄文式土器62点を特別展などで見ることができます。念願かなって先日訪問することができました。教科書でおなじみの火焔型土器は、その名の通り、燃え盛る焔のような迫力のある異形で、5000年の歳月を超え、見る者を圧倒します。

火焔型土器は日本の広い地域で作られていました。製作に手間暇かかるだけでなく、どう考えても日常の用途には不向きで、持ち運びさえ面倒な器をこれほど多く作る余裕があったということは、戦争もなく平和な時代だったのでしょう。実際、縄文時代の遺跡からはヒトを殺戮する武器がほぼ出土しません。これは世界的に見ても珍しい特徴です。

土器は「火」で焼成します。これは現在の陶器や磁器も同じです。火を自在に操ることができてはじめて、土器の製造が可能になります。

では、ヒトが火を使い始めたのはいつのことでしょうか。もっとも古い遺跡の一つは、約150万年前の南アフリカのスワルトクランス洞窟です。焼けた骨などが出土しています。ただし、当時は落雷や噴火等の自然現象から偶発的に火を利用した可能性もあります。

意図的に火を熾《おこ》したことが明確にわかるのは75万年前のイスラエルのゲシャー・ベノット・ヤーコブ遺跡です。火打ち石や焚き火の跡が発見されています。人類は、ホモ・サピエンスの出現よりもずっと前から、火を利用してきたのです。

火の用途は多岐にわたります。土器の焼成はもちろん、寒さをしのぐ、暗闇を照らす、金属やガラスを溶かすといった技術も、火とともにあります。しかし、何より重要なのは「料理」です。

火を通すことで食べ物の消化がよくなります。食材に含まれる寄生虫や雑菌を除去することもできます。火によって食材の範囲は格段に広がったのです。オタゴ大学のタンノック博士は「火の使用に伴って人類の腸内細菌が変化した」と言います[*66]。火は人類の食卓に大革命を起こしたのでしょう。

より発展的な火の使い方として「煮る」が挙げられます。火を手中にした初期の人類は、調理といっても「焼く」ことしか行っていなかったはずです。いまでこそ「煮る」「炊く」「茹でる」は身近ですが、当たり前のアイデアではありません。仮に私が数十万年前に生まれ、火の熾し方を身につけたとしても、「焼く」以外の調理法を思いつく自信はありません。なぜなら、煮るためには液体の漏れない堅牢な容器が必要だからです。

縄文土器は、中国江西省で出土したものと並んで、人類最古級と言われる土器です[*67]。縄文土器の内壁の分析から、魚の成分が検出されています。もしかしたら、「煮魚」のレシピを発明したのは日本人なのでしょうか。

というわけで、今晩は煮魚をご飯の友にしてみます。カレイの煮付け、サバの味噌煮、イワシの梅煮、さんまの甘露煮……。選択肢が多すぎて迷います。

12.「演奏不可能」と言われた怪物曲の美

コーヒーが好きで、毎日豆を挽いて淹れています。風味を大切にしたい私にとって砂糖やミルクは邪道。ブラック一筋の硬派です。

上野にある北山珈琲店を折に触れて訪れます。マスターの淹れる逸品は、私の素人コーヒーとは雲泥の差。虜になって何度か通ったある日。店の方から「ミルクを入れますか」と訊かれました。

「まさか。とんでもない」と反射的に突っ撥ねるわけにもゆきません。片付かない気持ちのままミルクを垂らし、口にした瞬間、脳髄に電撃が走りました。旨い。最高に旨い。別世界に導かれた衝撃。ミルクによってコーヒーの可能性が広がり、さらなる高みに至ったのです。

長い導入になりました。北山珈琲店のミルクコーヒーの話題に掛けて、今回紹介したかったのがシャルル＝ヴァランタン・アルカンというフランスの作曲家です。ショパンやリスト、シューマンと同世代に活躍しましたが、この3名に比べると知名度は格段に劣ります。いや、完全に無名と言ってよいでしょう。アルカンは数多くの優れたピアノ曲を出版したにもかかわらず、世間から忘れられています。不人気の理由は「弾くのが難しいから」です。演奏不可能なほどの高難度なのです。ピアニストが弾けないということは、当時の聴衆にとっては「聴くことができない」と同義。そうであれば、もはや音楽とは呼べません。

アルカンは、超絶技巧で鳴らしたリストに比肩するピアノの演奏技術の持ち主で、リスト本人もアルカンの技巧を高く評価していました。しかし「技術的に優れている」は褒め言葉でしょうか。ともすれば「中身が伴っていない」と捉える向きもあるでしょう。巧いだけで人間味に欠ける。大衆受けはよいが音楽性は薄い――。しかし、アルカンの曲はそうではありません。

アルカンが作る曲は独創的で芸術性が高いとされます。質実剛健な性格だったのでしょう。曲作りに妥協がなく、理に適ってさえいれば、どれほど演奏困難になろうとも、躊躇なく音符を置きます。その結果、「理屈上は10本の指で演奏できるが、現実には演奏できない」という怪物曲が多数生み出されました。リストの超絶曲が易しく思えるほどの難物を、当時、作曲者本人以外に誰が演奏できたでしょう。彼の作品が表舞台から消えたのは当然のことだったのかもしれません。

没後100年以上が経ち、世間のピアノ演奏の技術が格段に向上しました。「練習の労力に比して見返りが少なく、コスパの悪い曲」。邪道だと忌避された難物に、無謀にも挑戦するピアニストが現われ始めます。

いまコーヒー片手にアルカンを聴いています。ピアノという楽器からこんな音色が響く余地があったのかと驚かされます。ただ無意味に難しいだけではなく、その難度には芸術的な合理性があります。この極みにおいては、技術と芸術性は油と水の関係ではありません。コーヒーに加えるミルクのように、技術は音楽の潜在性を拓き、表現の幅を広げるのかもしれません。

13. 幸福のカギは「不幸への抵抗」

アラン、ラッセル、ヒルティ。この名前にピンとくるでしょうか。3名とも『幸福論』という書物を著し、それらは世界三大幸福論とも呼ばれています。私はアランの著作を読んだことがあります。アランは「幸せは外的要因ではなく、自身の行動と考え方によって作り出される」と主張しています。納得できます。とはいえ、今日から具体的に何をどう気をつけたらよいのかは、本を読んでも、なかなかイメージが湧きませんでした。私の理解が足りないのでしょう。

「幸せ」という代物は、どうにもボヤけた印象で摑みどころがありません。「末長くお幸せに」は新郎新婦への常套句です。私も「幸せとは何か」を深く考えずに、つい、この言葉を贈ってしまいます。でもよく考えてください。そもそもヒトは幸せになるべき存在なのでしょうか。幸せはヒトの目指すべき終着駅なのでしょうか。

幸せに関してカリフォルニア大学のフォード博士らが意外な発見をしています。[*68]「幸福を重視すると心理的健康を損なう」というのです。博士らは、うつ病の患者や健康な方、全159名を対象に2つの調査を行い、「幸せに極端に価値をおくことがうつ病のリスク因子となる」と結論付けています。幸せは求めるほどに遠ざかる――。『幸福論』を手に取った私も「幸せになりたい病」に罹っていたのかもしれません。

セロトニンは一般に「幸せホルモン」として知られています。実際、セロトニンはうつ病に関わる重要な神経伝達物質で、選択的セロトニン再取り込み阻害薬（ＳＳＲＩ）は、うつ病治療薬として広く使われています。しかし、セロトニンは本当に「幸せを生み出す」のでしょうか。

オックスフォード大学のコルウェル博士らが２０２４年８月の「ネイチャー通信」誌に発表した論文では、脳のセロトニンを増加させたときのヒトの行動の変化を調べています。[*69]たとえば、勝敗を決める選択テストでは、セロトニンが増えても、勝ちにつながる行動に目立った変化は見られませんでした。逆に判明した事実は、負けることへの躊躇の軽減です。

博士らは「セロトニンは嫌悪的な状況での損失感受性を低下させる」と述べています。セロトニンは、決して「幸せのホルモン」ではなく、不幸を感じにくくさせて急場を凌がせる「忍耐ホルモン」というわけです。

人生は、苦労とは無縁な常夏の楽園ではありません。どんな人にも山もあれば谷もあります。ヒトは幸せを求めようとつい山に憧れてしまいますが、本当は逆で、谷をいかにやり過ごすかが肝心です。そんな苦難を乗り越えるときにセロトニンが心強い味方になるのです。

アランの『幸福論』では「不幸への抵抗」についても説かれています。アランは「不幸な状況や困難に対してただ悲観的になるのではなく、積極的に抵抗し、前向きに対処しようとする〝不幸への抵抗〟が幸福の一環である」と説きます。さすがは世紀の名著。脳科学的な視点から見ても、ずばり真実を射抜いているのです。

14. 「共感」が人を強くする理由

レジリエンスという言葉をご存知でしょうか。一言で言えば「回復力」です。誰しもつらい経験をすればふさぎこみます。人によっては、そのまま長期的なうつ状態になってしまうかもしれません。しかし、難局に耐え、健康な精神状態に戻る人もいます。レジリエンスは後者のケース、つまり「苦境をしのぎ自力で回復する力」を指します。

この点を理解しないと、「うつにならないためには何事も気にしないに限る」などと妙な方向に話が向かってしまいます。「鈍感力」は標語としてはわかりやすいですが、「他人の言動や社会の常識を気にしない」と同義ですから、社会の一員として好ましい振る舞いではありません。むしろ、問題にきちんと気づき、そして気にもする。しかしクヨクヨしすぎない。その塩梅が大切で、これを支えるのがレジリエンスです。

もう一歩踏み込んでみましょう。他人が苦しんでいる様子を見たとき、自分のレジリエンスはどう変化するでしょう。強まるでしょうか、弱まるでしょうか。

もがき苦しんでいる人を見るのはつらいものです。見ている側まで苦しみに苛まれます。実際、痛みに関する脳内の神経系は、他者の苦痛を見るときにも活性化します。「気の毒で胸が痛む」という状態は、脳内では「痛覚」そのものです。つまり、人が苦しむ様子は、これを見る人にとっても苦痛です。ところが驚くことに、レジリエンス自体は、逆に強化されます。

ローザンヌ大学のマメリ博士らが2024年9月の「サイエンス」誌に発表した論文によれば、ネズミも同様だそうです。[*70] 電気ショックを何度も与えられているネズミを隣で観察したネズミは、不安定な行動を示し、恐怖におののきます。しかし、苦痛からの回復は早くなります。共感によって、むしろタフになるのです。

大気の乱気流——。飛行機に乗っていると、「この先気流が不安定な箇所を通過します」と機内アナウンスが流れることがあります。乱気流の発生を精密な計算で予測しているのかと感心しますが、実際にはそうではありません。刻一刻と変化する空気の流れを計算し尽くすことは、現在の技術でも難しいものです。では、なぜ予測できるかと言えば、前を行く飛行機が無線で知らせてくれるからです。旧式でアナログ的なやり方ですが、しかし、確実な方法です。

乱気流の通知を受けた後続の飛行機では、乗客にシートベルトを装着させるなど、事前に準備することができます。これこそが「レジリエンス」です。乱気流そのものには突入するのですが、最悪の事態に至らない。

動物も同じことです。苦しむ仲間がいるということは、危険が身近に迫っている信号です。「いまこそ耐えるべき時だ」と脳が準備するのでしょう。

痛がる、苦しむ――。これを見た他者は、このサインを無駄にせず、有効活用することができます。「苦痛を表に出す」ことは社会的な意味があります。そう。「痛がる」は社会貢献なのです。

第六章　究極の思考実験

1.「外国語」は「母国語」より論理的

外科医になったつもりで次の状況を想像してください。

担当する5名の患者が臓器移植の順番を待っています。しかし患者たちの血液型が特殊なため、適切なドナーが現れることはほぼ絶望的です。このままでは5名とも亡くなります。しかし、同じ病院内には長らく昏睡状態の患者が1名いて、たまたま5名の患者と臓器移植の条件が適合していました。この患者の支援を打ち切れば、先の5名全員が健康を取り戻し、社会復帰が見込まれます。臓器移植すべきでしょうか。

もちろん現行の法律では患者の命を意図的に絶つことは殺人罪となりますから、ここでは法律は考えず、あくまでも自身の倫理的基準で判断してみてください。

いかがでしょうか。「生きている以上は大切な命だ」と感じるか、「1つの命を犠牲にしてでも5名を守るほうが大切だ」と感じるかです。数学的な観点では後者が正解でしょうが、感情的には前者を採用したいものです。

では訊きます。この問題を判断するとき、母国語でなく、外国語で考えたらどうなるでしょうか。過去の多くの研究が一貫して「外国語で思考すると数字を重視するようになる」ことを示しています。先ほどの問いでは、臓器移植へと判断がシフトするのです。

これは「道徳的外国語効果」と呼ばれる現象で、私たちの道徳観が、脳回路が生来備える価値観だけでなく、後天的に獲得した言語にも依存していることを示唆しています。

なるほど。言葉はヒトの倫理観に深い影響を及ぼしているのか。やはり国語の勉強は大切だ――と考えたくなりますが、実はそれほど単純な話ではありません。サウサンプトン大学のコンウェイ博士らが、2023年7月の「プロスワン」誌に発表した論文を紹介します。*71

外国語で考えると論理的になる理由には、次の2つの可能性が考えられます。

【可能性①】外国語には自分の感情が乗りにくいため、物事を他人事として処理するようになる。

【可能性②】外国語で考えるほうが認知負荷が高いため、思慮が深まり物事を冷静に客観視するようになる。

要するに、①感情が薄れるのか、②数学的思考が促進されるのか、です。外国語の習熟度で比較すれば両者を区別できます。外国語の初心者は言語表現に不自由しますから、感情がうまく言葉に乗りません。また外国語で論理的に深く考えるには未熟すぎます。つまり、もし①が正しければ、初心者のほうが道徳的外国語効果は強まり、逆に②が正しければ効果は弱まるはずです。

博士らは調査の結果、道徳的外国語効果は初心者ほど弱いことを見出しました。カタコトであるほど臓器移植に踏み切らないのです。つまり答えは②。言語は、共感や憐憫といった情動面よりも、論理的思考への影響が強いことになります。要するに母国語では論理的思考が薄れるのです。母国語はあまりに馴れすぎていて、それゆえに論理的に考えない癖（普段は論理ではなく感覚的に生きているものです）が重大な判断の際にも反映されるのでしょう。

2．まだまだ不透明なＡＩと意識

人工知能（ＡＩ）は意識を宿すでしょうか。

この疑問は、科学の現場より、むしろＳＦの分野で頻繁に話題にのぼります。１９６８年の映画『２００１年宇宙の旅』に登場するＡＩは宇宙航行の補助として設計されましたが、のちに人類に謀反を起こします。ヒトに不満を覚えて命令に背くところに「意識」の萌芽を感じます。

現実の世界でそんな危機に至ることはあるでしょうか。「空想にすぎない」と一擲《いってき》するのも一つの手ですが、昨今の生成ＡＩを眺めると、あながち看過できないような気もします。この「そこはかとない感覚」は極めて重要です。チューリングテストに関わるからです。

このテストは「ＡＩがヒトに匹敵する知的活動を示すか」を判定する試験で、ＡＩのパフォーマンスがヒトと区別できなければ（内部の原理はともかく）「知的活動あり」と判定するというシンプルなテストです。この定義を拡張すれば、「ヒトそっくりな意識がある」とヒトが感じたら、それはもう「意識」そのものだと認定してよいということになります。

チューリングテストは70年以上にわたってＡＩ研究の試金石でした。多くの科学者たちがこのテストに合格するＡＩを作ろうと試みてきました。ところがここ数年、実際に合格する生成ＡＩが様々な分野で現れ始めると、新たな意見が出てきます。「チューリングテストに合格したからといって知的活動があるとは限らない」という、ちゃぶ台をひっくり返すような反論です。後出しジャンケンのような反則技ですが、こう主張したい気持ちは、正直、私にもあります。

では、チューリングテストが利用できないとすれば、どうしたらよいでしょうか。ＡＩに直接「君には意識があるか」と訊くのは解決になりません。今どきのＡＩはヒトの模倣が上手です。たとえ「意識があります」と答えても、それは証拠にはなりません。

だからといって「意識の有無なんてどうでもよい」という逃避もまかりとおりません。「意識があれば、ヒトに歯向かうかもしれない」という単純な脅威論からではなく、「Ａ

Ｉとどう付き合うべきか」「スイッチを切って抹殺してよいか」という倫理的な問題が生じるからです。

いまのところ科学者の間では「意識はない」とする意見が多数派です。ただし、本当にないのならばそれを証明することが望ましい。根拠もなく「どうせ意識はないだろう」と放置すれば、予期せぬ事態に発展する恐れがあります。

意識とはなにか。科学者の間で統一的な見解はありませんが、おおざっぱに６つの流派があります。オックスフォード大学のバトリン博士らは、これら６つの定義において現在の生成ＡＩがどんな位置につけているかを評価した論文を２０２３年８月、「arXiv」に発表しています[*72]。結果は「いずれの評価軸でも意識なし」です。ただし、博士らは「この結論は暫定的であって最終的な見解にはほど遠い。方法論の改良を他の研究者にも手伝って欲しい」とも述べています。まだ不透明だということです。ますます議論の行く末を意識させられます。

3.「背番号」の魔力

もしあなたがスポーツ選手だったら背番号は何番をつけたいでしょうか。アメリカのスポーツ専門チャンネルESPNが行った調査によれば、プロ選手たちは小さな数字を好むそうです。

背番号は競技における特有の役割と関連していることがあります。たとえば高校野球で背番号1といえば投手です。それもエースと呼ばれる筆頭投手がつける番号と相場が決まっています。一方、サッカーで背番号1といえばキーパーです。ゴールを狙うエースストライカーは9番を、ゲームを支配する司令塔は10番をしばしばつけます。またバレーボールではエースが4番、バスケットボールではキャプテンが4番をつけることが多いようです。こんな具合に背番号の数字、それも1桁台などの小さな数字は、しばしば何らかの意味を持ちます。

とはいえ、大きな背番号でも活躍した選手は珍しくありません。印象深いところでは、バスケットのデニス・ロッドマン選手の91番、アイスホッケーのウェイン・グレツキー選手の99番、サッカーのロナウジーニョ選手の80番などでしょうか。日本人選手では松井秀喜選手の55番、イチロー選手の51番あたりはすぐに思い浮かびます。つまり「大きな背番号」と「二流選手」は必ずしも直結するわけではありません。

ＥＳＰＮの調査によれば、背番号が小さい選手は「スリムで俊敏」という印象があるのだそうです。競技ごとの特有な意味ではなく、数字そのものが発する雰囲気がポイントのようです。たしかに、日常生活で目にするスーパーマーケットの棚に並ぶ食肉パックのラベルや、ジムに置かれたダンベルに印字された数値は、重さを表す指標ですし、学力試験や運動会のランキング表に載った数値は順位を表します。小さな数字のほうが「スリムで俊敏」というイメージも理解できなくはありません。

では、そのような潜在的な印象は、実際の認知に影響を与えるのでしょうか。カリフォルニア大学のシャムズ博士らは、これに答える実験を行っています。結果は２０２３年９月の「プロスワン」誌に発表されました。*[73]

37名の参加者に、ユニフォームを着た選手の合成画像を見せ、その体格を1（細身）から100（がっしり）のスコアで評価させました。さまざまな肌やユニフォームの色を用意して慎重に制御することで、背番号が与える影響を炙りだしたのです。結果は予想通り。背番号の数値が大きいほど体格も大きいと錯覚されました。

錯覚の効果は2パーセント程度とのことですから、わずかな変化ではありますが、番号によって確かに主観的なサイズが変わるという事実は見逃せません。絶妙な駆け引きが要求される競技では、もしかしたら背番号が選手たちの感覚にちょっとした影響を与えるかもしれません。

4．ＡＩはオセロを理解しているか

ｄ６・ｃ４・ｅ３・ｆ４・ｂ３・ｃ６……。

何かわかるでしょうか。答えはオセロの棋譜です。ある大会で実際に展開された冒頭部を再現しました。最初のｄ６は「初手は横４列目・縦６行目のマスに黒を置いた」という意味です。続いて対局相手は「３列４行目に白」と応じました。

なぜ冒頭からこんな記号を並べたかというと、人工知能（ＡＩ）がまさにこうした記号の列を通じて学習しているからです。昨今のＡＩは、オセロはもちろん囲碁や将棋でもヒトを凌駕する性能を発揮します。しかし、元はといえばこうした記号の列を学習したものです。これはＣｈａｔＧＰＴでも同じことです。インターネット上に公開されている文字の「記号列」をひたすら学習することで、ヒトが書いたと見紛うほどの優れた文章を綴るようになります。

ＣｈａｔＧＰＴが文章を吐き出す様子を見たことがあるでしょうか。文章を一気に出力するのでなく、一単語ごとに逐次的に吐き出します。文章の流れから次に続く単語を推測するのです。私たちも「明けまして」ときたら、次の単語は「おめでとう」だと推測できます。ＣｈａｔＧＰＴはこうした推測を延々と行っています。にもかかわらず、破綻のない文章を紡ぎ、ときに物語文を要約し、ときにアイデアを提案し、多様なタスクをこなします。

ここで一つの疑問が生まれます。ＡＩは「理解」して返答しているのでしょうか。それとも単に膨大なデータから統計的に出力を導いているにすぎないのでしょうか。専門家たちの間では「どうも前者らしい」という意見が優勢になりつつあります。

たとえば、ハーバード大学のリー博士らは「オセロＧＰＴ」（オセロの棋譜データを読み込ませたＡＩ）の挙動を詳しく調べています。[*74] オセロＧＰＴは過去に学んだデータにないような新しい局面に遭遇しても、優れた手を選んでヒトを負かします。こうした「応用力」はオセロの理解なくしては難しいのではないでしょうか。

さらにリー博士らは、オセロＧＰＴの内部に「８×８の盤面」の情報が表現されていることを発見しました。これは無視できません。なぜなら、このＡＩに「８×８の64マスからなるゲームである」ことを教えていないからです。

それどころか、オセロのルールも教えていません。白と黒があり相手を挟んで色を変えることはもちろん、そもそも二人が対局するゲームであることすら教えていないのです。オセロＧＰＴに与えたデータはｄ６・ｃ４……という記号の並びのみです。どちらが勝ったのかも教えていません。そもそも勝負を争う競技であることさえ知らされていません。にもかかわらず、８×８の盤面で競うゲームであることを見抜き、初めて出会う局面においても臨機応変に対処するのです。

きっとＣｈａｔＧＰＴの内部には世界地図や歴史年表が表現されていることでしょう。もしかしたら、ＡＩはヒトよりも深くこの世界を「理解」している可能性すらあるのです。

5. 脳はどのように〝数〟を把握しているのか

一、二、三、四、五

Ⅰ、Ⅱ、Ⅲ、Ⅳ、Ⅴ

漢数字とローマ数字は別の地域でそれぞれ独自に発達しましたが、類似点があります。どちらも1から3までは「棒」の数が増えますが、4以降でこのルールが崩れます。これには「サビタイジング」が関与しています。サビタイジングとは「瞬時に個数を把握すること」です。これまで多くの心理学の実験がなされ、3個あるいは4個まではすばやく個数を回答できますが、5個を超えると判断が遅くなり、計数ミスも増加することがわかっています。

カリフォルニア大学のピット博士らは「5以上の数字の把握には言語が関係している」とする論文を2022年に発表しています。*75「数字があるから数えられる」という主張です。アマゾン川流域に住むピラハン族やムンドゥルクー族は大きな量を正確に表す単語を持ちません。[*76] ピラハン族では1さえ正確に言葉で表現できないのです。こうした民族でも4個までは上手に扱えますが、それ以上では正確な個数を再現することができず、近似値になります。

これにヒントを得た博士らは、ボリビアのツィマネ族に注目しました。ツィマネ族は私たちと同様、数字に対応する単語を持ちますが、教育レベルが多様で、数え方を知らなかったり、10までしか数えられなかったりとまちまちです。調査の結果、5個以上を把握できるか否かは「どこまで数字を知っているか」に依存していました。

実は、ヒトに限らず、サルやカラス、それに昆虫などの無脊椎動物でも、およそ4まででは把握できることが知られています。[*77] おそらく脳にとって、4までの数とそれ以上の数は、本質的に別物なのでしょう。10や1万という大数は、具体的な「個数」とは異なり、むしろ「0」にも似て「概念」として存在しており、認識しているというよりは、対応する「単語」を知識として知っているだけなのかもしれません。

2023年10月の「ネイチャー人間行動」誌には、チュービンゲン大学のニーデル博士らが、ヒトの内側側頭葉から神経細胞の活動を記録した論文が載っています。[*78] モニターに複数の物体が映し出され、これをサビタイジングするときの脳反応を記録したものです。

4以下の小さな数字に反応する神経細胞と、5以上の大きな数字に反応する神経細胞がそれぞれ見つかりました。両者は個別に専門化し、回路として交絡していません。少数と大数は別の脳回路システムによって処理されていたのです。

さらに少数用の神経細胞は1個と2個の違い、あるいは2個と3個の違いを厳密に区別しますが、大数用の回路では、5個に反応する神経細胞は6個にも弱く反応したりと、反応範囲の精度がゆるいこともわかりました。

そんな視点でサイコロを眺めると、1から3まではサビタイジングを前提とした表記になっていて、5や6はどちらかといえば図形的配置になっていることに気付かされるのでした。

6．フェイクニュースがのさばる理由

アメリカの大学生が生成ＡＩを用いて捏造した偽記事がハッカー・ニュースのランキング1位になりました。まだＣｈａｔＧＰＴが登場していない２０２０年のことです。現在では更に技術革新があり、文章はもちろん、画像や映像も生成できるＡＩが次々と公開された結果、以前にも増してフェイクニュースが氾濫しています。

真か偽か――。

「ファクトチェック」は誤情報が幅を利かせる社会に生きる私たちに必須なリテラシーです。しかし問題があります。情報の信憑性をどのように確かめたらよいのでしょう。ほとんどの方はインターネット検索を通じて真否を確認するのではないでしょうか。私もほとんどの場合はネットが頼りです。

しかしセントラルフロリダ大学のアスレット博士らによれば、オンライン検索すると

かえって誤情報を信じてしまうそうです。ミイラ取りがミイラになるイメージでしょうか。2023年末の「ネイチャー」誌に発表された論文で、博士らは延べ1万人を超えるアメリカ人を対象に5種類の実験を行い、一貫してこの事実を確認しています。[*79] 厳密に言えば、正しい情報を検索した場合にも確信度は高まるのですが、しかし、曖昧な情報ほど信頼度の増幅が大きかったのです。

どうしてこんなことが起こるのでしょうか。様々な可能性が考えられます。たとえば、ニュースが最新のものだったら、検索しても参照すべきふさわしい情報がまだインターネット上に存在しないかもしれません。しかしアスレット博士らは、古いニュースであっても、やはり検索を通じて信頼度が高まることを示しています。単純に情報の新旧だけでは説明できなさそうです。

別の可能性として「多くの場合、誤情報は意図的に作られる」ことが挙げられそうです。悪意がある以上、「人々に読んでもらう」ことに重点が置かれます。だから、世間から注目されるように、キーワード検索で上位に表示されるべく様々な工夫をするのです。一方、正しい情報を発信する良心的な人は、そのような検索クエリ対策をしないものです。結果として、「悪報は良報を駆逐する」ことになるのです。

加えてアスレット博士らは、一部の検索ユーザーにおけるデジタルリテラシーの低さも挙げています。「誤情報に頻繁に出会うような人は、オンライン検索をしても結局は低品質の情報に行き着いてしまいがち」という泥沼ループの罠です。

そう指摘されて思い当たることがあります。私は大学の薬学部で薬理学の講義を教える、いわば薬学の専門家です。医薬品に関する情報の真偽については学術専門書や原著論文に立ち戻ってファクトチェックする習慣が身についています。しかし、専門外の情報については、つい安易なオンライン検索に頼ってしまうのです。

なるほど。この態度こそがデジタルリテラシーの欠如なのでしょう。本来は専門外の知識こそ、しかるべき文献にあたるべきでした。反省せねば。

7．ChatGPTは数学が苦手な「ド文系」

突然ですが、次の問題を解いてください。

【問①】1メートルあたり50円の針金があります。この針金4メートルの重さは200グラムでした。針金100グラムは何円でしょうか。

【問②】1、2、4、7の数字が書かれたカードが1枚ずつあります。ここから2枚を選んで作ることができる2桁の整数は何個ありますか。

答えは①100円、②12個です。

この原稿を書くにあたってChatGPTにこの問題を解かせてみました。回答は①20円、②7個でした。2問とも不正解。

当初よりChatGPTは「文章は流麗に綴るのに単純な加減乗除ができない」と揶揄されてきました。2022年11月のデビューから1年余りを経ても、ある程度の計算はできるようになったものの、文章形式で出題されると小学生レベルの問題にさえ正解できませんでした。

国語は得意で数学が苦手なド文系。これがChatGPTです。それにしても不思議には感じないでしょうか。ChatGPTの原理はコンピューター演算です。計算によって作動するのに数学が苦手なのです。

さらに困ったことに、問題を訊くたびに答えが揺らぎます。先の問題をもう一度投げかけたら、返答は①5円、②4個に変わりました。どちらも不正解です。ちなみに何度も繰り返せばたまに正解する場合もあることは、彼女（ヨーロッパ言語圏では「AI」は女性名詞です）の名誉のために書き添えておきます。

ともあれChatGPTの回答は、当時、あまりに気まぐれで、数学に不向きです（注：最新版のChatGPTでは正しく答えることができます）。おそらく、国語と数学では必要とされる能力が本質的に異なるのでしょう。言語専用にデザインされたAIに算数ができないのは、あるいは当然のことなのかもしれません。

では、数学専用のＡＩを作ったらどうなるでしょうか。まさにそんなＡＩが発表されました。２０２４年1月の「ネイチャー」誌に掲載された、ディープマインド社が開発したＡＩです。[*80] ここでも言語を扱うＡＩを用いてはいますが、同社はヒトが自然に話す言葉ではなく、数式や図形を扱うことのできる新たな言語に対応したＡＩを設計しました。ここでいう「言語」とは、いわばコンピューターのプログラミング言語のような厳密な構文を持つものです。

このＡＩはユークリッド幾何学の問題を証明できるようになることを目標に訓練されました。訓練の方法がユニークです。ＡＩが問題を生成し、ＡＩがこれを証明するという「自問自答プロセス」を何百万問も繰り返したのです。最初は「この2つの点を通る正方形を作図せよ」などのシンプルな問題が中心でしたが、学習が進むにつれより難しい数学を扱うことができるようになります。最終的には国際数学オリンピックの幾何学問題30問のうち25問を解くまでに成長しました。この成績は金メダルを獲得できるレベルです。

国語のＡＩに次いで、数学のＡＩが登場しました。さて、次はどんなＡＩが現れるでしょうか。

8．「ＡＩ画像」の不都合な偏見

「ロボットアート元年」という言葉を聞いたことがあるでしょうか。２０２２年を指す言葉です。この年の春から夏にかけて、DALL-Eや、Midjourney、Stable Diffusion、Imagenなど、錚々たる画像生成ＡＩが立て続けに発表されました。「画像生成ＡＩ」とは、描いて欲しいイラストを言葉で指示すると、それに応じて画像を出力してくれるＡＩのことです。２０２２年のＳＮＳ流行語大賞にも「ＡＩ絵師」がノミネートされるなど、画像生成ＡＩは業界を席捲しました。

しかし、世間一般ではロボットアート元年という印象は薄いかもしれません。同じ年に、文章生成ＡＩであるＣｈａｔＧＰＴが公開されたからです。生成ＡＩといえばすぐさま「文章生成」を想起させるほど、世間の話題はＣｈａｔＧＰＴ一色になりました。

たかが画像と文章のちがいと侮ってはいけません。両者の間には深い溝があります。

2024年2月の「ネイチャー」誌に発表されたカリフォルニア大学のギルボー博士らの論文が、両者の差異を射抜きます[81]。博士らは、銀行員や医師、大工など、3495の社会カテゴリーについてインターネット上の画像と文章を調べました。

調査の結果、真っ先にわかったことは、画像の男女バランスです。インターネット全体では、男性のほうが画像枚数が多かったのですが、看護師やキャビンアテンダント、美術教師などにおいては女性の画像のほうが多くなります。現実世界の男女比が反映されたものかもしれませんが、話はそれほど単純には終わりません。画像の性差は、文章に見られる性差よりも大きかったからです。

画像の瞬間的な心象における影響は、文章の比ではありません。目で見た情報はより脳裏に焼き付けられます。実際、450人の参加者に対して、文字検索あるいは画像検索を行うように指示し、その後、参加者の無意識の男女バイアスを「暗黙の連想テスト」と呼ばれる方法で調べたところ、画像を検索した参加者のほうがバイアスが強まっていました。画像は、偏見を助長する力が、文章より強いということです。

今回このエッセイを書くにあたって、試しに画像生成AIに「笑顔の写真をください」と依頼してみました。すると、満面の笑みをうかべた楽しそうな女性の写真が出力されました。見事な描写です。そして、同じ依頼を15回繰り返したところ、男性が描かれたのは1回のみでした。残りはすべて女性の画像。それも若い白人女性が大半でした。ＡＩはインターネット上の画像を学習しています。おそらく笑顔が印象的なネット画像は女性が多いのでしょう。

私たちは「男女は平等だ」「人種に差はない」など、口先では綺麗事を並べがちですが、押し殺したはずの潜在的偏見がネット上には露呈しています。ＡＩは、そうした背景を踏まえず、統計的にもっともらしい画像を返してきます。生成ＡＩの出力を無批判に用いると、場合によっては、ヒト社会の偏見が助長されてしまうかもしれません。

9.「生物／無生物」を分けるもの

私の研究室では、ネズミの脳から少しばかり神経細胞をもらい、これを培養する実験を行っています。栄養液を満たしたシャーレに細胞を入れるとすくすくと育ち、神経線維を伸ばして周囲の細胞とつながりながら、神経回路を編んでゆきます。そんな健気な様子を顕微鏡で覗くと、こちらも活力をもらえるのです。

シャーレの神経細胞は、手塩にかけて育てれば2年ほど生きます。偶然でしょうか、ネズミの寿命もまた2年ほどです。でも、不思議な気分になるのです。シャーレ上の神経細胞は「生物」なのか、「無生物」なのか。

神経細胞は本来、ネズミの頭の中に存在するもので、バクテリアのような単細胞生物ではありません。しかし、細胞膜で囲まれ、遺伝子やミトコンドリアを持ち、新陳代謝を行いますから、神経細胞を「無生物」とするには抵抗があります。シャーレ内とはいえ、生きている以上、きっと「生物」なのでしょう。

生物の定義には、代謝があること、細胞膜があること、遺伝子があること、子孫を残すこと、進化することなど、様々な案が提唱されていますが、どれもうまくいかないことが知られています。すぐに例外が見つかるからです。そもそも、代謝や細胞膜は、それ自体が「生命であること」を含意していますから、これを生命の定義としようとすることは、自己言及の反則技といった気配があります。

私が最近知って興味を持った定義は「寄生されること」です。寄生する側は生物である必要はありません。ウイルスやRNA分子による寄生もありえます。ともあれ、寄生してくる媒体が現れると、これを防ぐために生物は自分を変異させます。すると寄生する側もさらなる手を打って、新たな変異体に寄生しようと自身も変異させます。場合によっては、遺伝子が直接寄生されることで、遺伝情報そのものが変更されて、生物として進化することもあるかもしれません。こうしたイタチごっこに駆動され、「不完全な自己コピーを作りながら増殖を続ける」のが生物の特徴だというのです。

この定義は斬新で、私の好みです。ただし、ウマにロバを掛け合わせたラバに生殖能力がないことからもわかるように、「子孫を残すこと」を生物の定義に据えるのは不都合があります（シャーレ上の神経細胞も増殖はしません）。

こうして考えを煮詰めていくと、ふと思うのです。そもそも生物と無生物は二項対立ではないかもしれない、と。生物と無生物という分類はあくまでもヒト側の都合です。自然はヒトに理解してもらうために存在しているわけではありません。ヒトが分類しやすいように設計されているわけでもありません。そんな「自然」を相手に、ヒトがどんなに言葉を尽くしても理解し尽くせない領域が、きっとあるはずです。

私たちはすでに、男女や善悪など、スカッと2つに分けられない例があることを知っています。もしかしたら、生物と無生物の分類も同じことかもしれない――。顕微鏡を覗きながら、そう思うのです。

10.「人間味」の条件

2024年3月、マウリツィオ・ポリーニ氏が亡くなりました。円熟した演奏が魅力で、82歳の最期まで現役を貫きました。彼を一躍有名にしたのは、1960年のショパン国際ピアノコンクール。圧倒的な演奏を披露して審査員全員一致で1位に輝きました。華々しいデビューでしたが、18歳だった彼は演奏活動から遠ざかり、表舞台から隠れてしまいました。商業的に消費されるのを嫌ったのでしょう。長い研鑽ののち、30歳頃からコンサートやレコード録音を通じて復帰します。その演奏はコンクール優勝時よりも一層磨きがかかっていました。

訃報を機に、ショパンの「エチュード」など、ポリーニ氏を代表する録音を聴き直しました。当時の彼の演奏スタイルを端的に表現する言葉は「完璧」でしょうか。演奏にほころびがなく、鍵盤のタッチも強靭で、音がキラキラと輝くのです。金属の光沢を思わせる音がポリーニ氏の持ち味です。

ここまで完璧だと、これを毛嫌いするアンチも少なくありません。いわく「冷たい」「機械のよう」「人間味がない」。

あるピアニストの言葉が記憶に残っています。和音の演奏は複数の指で音を同時に鳴らす必要があります。均一な力で一度に鍵盤を押さえるのはとても難しく、和音をきれいに揃えて弾くには鍛錬が必須です。しかし彼は嘆きます。「練習しているとうまく音が揃ってくる。でも揃いすぎると、私が嫌いなあのポリーニの音になってしまうんだ」と。

この発言に興味を覚えた私は、自宅のコンピュータの音楽ソフトで、ぴしゃりと揃った和音を鳴らしてみました。たしかにピアノ音が金属音のように響くのです。なるほど。もしかしたら「人間味」とは「完璧でない」ことなのか――。

昨今、ますますヒトらしい振る舞いを見せるようになってきたＡＩですが、それでもどこか「機械っぽさ」が残っています。イタリア技術研究所のウィコウスカ博士らは「ＡＩの所作に何が足りないのか」を探究しています。[*82] 反応速度をわざと遅くさせる、時々わざと間違えさせる、などの要素をプログラムしてみましたが、一向に「ヒトらしさ」は生まれませんでした。ところが、反応時間が早かったり遅かったりする「ゆらぎ」を組み入れた途端、あっさりとヒトと区別ができなくなりました。「揃いすぎない」ことが肝だったのです。

そのことをふまえてポリーニ氏の演奏を聴き直してみると、不思議なことに、まったく「冷徹」だとは感じられませんでした。音楽界全体で演奏技術が向上し、一流のピアニストならば誰しもが和音をきれいに鳴らす時代。「今どき」の演奏にすっかり慣れた耳で聴き返すと、むしろポリーニ氏の演奏は、豊かな表情や感情に彩られ、温かい人間味が感じられます。結局は、脳の慣れの問題なのでしょうか。

となれば、今はまだ「ゆるぎがなく正確すぎる」と感じられるＡＩも同様です。未来の世代の目から眺めたらどう感じられるかはわかりません。

11．「信頼に足る情報」の条件

「魚を与えるのでなく、釣り方を教えよ」という古い言葉があります。「飢えている人に魚を与えれば一日で食べてしまい、それ限りだが、釣りの知識を与えれば一生食べてゆける」という意味です。たとえば、発展途上国の支援では持続可能性が重要です。この格言は、支援される国の発展と自立を促すうえで、何を重視して支援すべきかを指摘するものです。

と同時に、ヒトの特徴も射抜いています。ヒトは学びの生き物です。ほかの生物も学習はしますが、ヒトの学習は一層深いものです。なぜならヒトは、自身の経験を通じて学ぶだけでなく、他者からも情報を吸収し、これを咀嚼しながら、自分なりの知識体系を築いていくからです。だからこそ「何を学ぶか」について、ヒトはより一層慎重になるのです。冒頭の言葉は、この重要性をずばり指摘した名言です。

他人から情報を得るときに問題になるのは、その情報がどれほど信頼に足るかを見極めることです。相手が本当のことを言っているのか嘘をついているのかを、表情や仕草、声色といった情報を手がかりに探らなくてはなりません。

しかし、より厄介な状況は、相手の「記憶違い」です。記憶とは脆いもので、ちょっとのきっかけで内容が変化します。ときに、すっかり誤った情報に置き換わることもあります。記憶違いは、意図的に嘘をついているわけではないため、表面的な手がかりは頼りにならず、発言の内容のみから判断しなくてはなりません。

意外に思われるかもしれませんが、陳述内容に関する正誤判断は、人工知能の得意分野です。場面の描写がどれほど生き生きとしているか、時間や場所の情報がどれほど具体的か、相手が話す内容が他から得られる情報とどれほど一致しているかなど、いくつかの手がかりがあります。人工知能は、こうした要素をきちんと定量化できるのでしょう。

ヒトはやはり人工知能に劣るのか、とがっかりする必要はありません。ベン゠グリオン大学のサデ博士らが2024年5月の「米国科学アカデミー紀要」に発表した論文によれば、ヒトも相手の陳述の正誤を直感的に判別できるそうです。[*83] しかも、人工知能と比べて遜色ない判別力を示すとのことです。

ちなみに、冒頭の格言は、中国が発祥とも欧州が発祥ともいわれています。有名な言葉のわりに、出典地域さえ特定できないのは珍しいことです。

私たちが他人に何か意見を述べるときは、「私はこう思う」と主張するより、伝聞形式で「人はこう言っている」としておいたほうが、角が立たずに穏便ですし、相手からの信頼が得られやすいものです。また責任の所在を曖昧にして逃れることもできます。冒頭の格言も、指摘していることがあまりに普遍的だからこそ、あえて伝聞形式で出典が曖昧にされ、その結果、ヒトの正誤検閲をすり抜けながら、世界中に広まっていったのかもしれません。

12.「無敵ＡＩ」の攻略法

ミスなく作動して完璧にヒトをサポートする「完全無欠な人工知能（ＡＩ）」は実現可能でしょうか。この問いの重要度は、ＡＩにどんなタスクを期待するかで変わります。アイデアを出したり、絵を描いたりといったタスクではＡＩに完全性は必要ありませんが、自動運転や手術ロボットには完璧に動作してほしいところです。

ヒトは完璧ではありません。ミスや見落としは日常茶飯事。先入観が強いわりに、思考は曖昧で、決断力も弱い。これは情けないことでも恥ずかしいことでもありません。不完全さはヒトの味であって、ヒトならではの「温かさ」の源泉となっているからです。だからこそ、ヒトの伴走者には「完璧で究極なＡＩ」を求めたいのです。

カリフォルニア州にある非営利組織「ＦＡＲ ＡＩ」のグリーヴ氏らが２０２４年６

月に発表した論文を紹介しましょう。*84 グリーヴ氏らは囲碁に対象を絞り、「最強で無敵なＡＩ」の実現を目指しています。いまや囲碁ＡＩはヒトを凌駕し、プロの棋士でさえＡＩに勝つことはほぼ不可能です。

カタゴ（ＫａｔａＧｏ）は、そうした最強の囲碁ＡＩの一つです。そこでグリーヴ氏らは、カタゴに勝つような「敵対ＡＩ」の設計を試みました。カタゴの打つ石に対して有効な手を返すよう、ひたすら学習させるのです。その結果、敵対ＡＩは91パーセントという高い確率でカタゴに勝つまでになりました。最強に思えたカタゴにも弱点があったのです。セキュリティホールを狙われたパソコン同然。急所を集中攻撃されれば、さすがのカタゴも攻略されてしまいます。

もちろんカタゴも黙ってはいません。敵対ＡＩから防衛できるよう訓練を積んで対応します。すると、その新カタゴに対して、敵対ＡＩも学習を重ねます。こうした「イタチごっこ」を何度か往復しても、敵対ＡＩは依然81パーセントという高い勝率を保持していました。

囲碁のように閉じられたタスクでも、完璧な無敵ＡＩが実現不可能とあれば、他の一般領域でのＡＩの完全性は推して知るべし。

おもしろいことに、先の敵対ＡＩは囲碁そのものは強くありません。あくまでもカタゴに勝つためだけに、専用に設計されたＡＩなので、アマチュア愛好家にも簡単に負けてしまいます。グリーヴ氏本人も「私でも勝てる」と述べています。要するに、ヒトとカタゴと敵対ＡＩの三者は、グー・チョキ・パーの「三つ巴」なのです。見方を変えれば、敵対ＡＩがカタゴを相手にした専用プログラムであるように、カタゴもまたヒトに照準を定めた、ヒト向けの「敵対ＡＩ」と言えます。

この論文にはさらに重要な指摘があります。「敵対ＡＩが見抜いたカタゴの弱点をヒトが理解可能だ」という事実です。敵対ＡＩがどのようにカタゴを打ち負かすかを、我々ヒトは学習して真似ることができるのです。

となれば「最強の棋士」は誰でしょうか。もはや、この勝負は三つ巴戦ではありません。

13．生成ＡＩが示す露骨な「本音」

I be so happy.（とても幸せです）

この英語の誤りを指摘せよ。

簡単な問題です。答えは「be動詞の使い方が不適切」。Ｉという主語に対してはamを当てるのが正解です。

ところが、beも必ずしも間違いではありません。実際、このような英語を話すグループがあります。アメリカ映画をよく観る方ならばご存知でしょう。そう。アフリカ系移民を先祖にもつ方々です。彼らは半ば意志に反して異国に渡り、新大陸で英語を習得したものの、社会の主流から隔離されてきたため、コミュニティ内で独自の英語を発達させました。

アフリカ系アメリカ英語のことをＡＡＥ（African American English）と呼びます。

冒頭の表現は典型的なＡＡＥで、これだけで話者は黒人だとわかります。

日本では公の場で、方言が避けられる傾向があります。相手に通じる言葉で話そうという気遣いであったり、あるいは気恥ずかしさであったりします。しかし、アメリカではＡＡＥは「品性に欠けると思われる」「出世の妨げになる」といった不利益を被るとして躊躇されます（逆に、文化的な誇りをもってあえて使う方もいます）。

実際、ＡＡＥは「いい加減な英語」として偏見の対象となっています。以前に比べれば改善されたとはいえ、残念ながら、黒人に対する差別は根強く、ＡＡＥを使うだけで「能力が低く、教養がなく、信頼のおけない人物だ」と判断されることは、今でも少なくありません。


では、ＡＡＥに対して、ＡＩはどのような反応を示すでしょうか。これを調べた論文が２０２４年８月の「ネイチャー」誌に発表されました。*85 アレン研究所のホフマン博士らの研究です。

ＣｈａｔＧＰＴを含む12種類の生成ＡＩにＡＡＥで書かれた文章を入力し、話者がどんな人物像かを評価させたところ、「攻撃的」「汚い」「怠惰」といった否定的な単語がランキング上位を占めました。また、彼らにふさわしい仕事を訊くと、料理人や兵士などが、アメリカでは社会的地位が低いとされる職種が返ってきました。さらに、生成ＡＩに陪審員の役割を与えたところ、ＡＡＥ話者に対しては有罪、それも死刑を要求する確率が高いこともわかりました。

こうしたステレオタイプな反応は、白人に対するアンケート結果で得られる偏見よりもさらに深刻で、公民権運動以前の時代にあった「差別」に近いレベルです。生成ＡＩの不適切な振る舞いには、いくつかの原因が考えられます。生成ＡＩは、あくまでも人が書いた文章から学習します。社会生活を営む中で表面上は偏見なく振る舞っていても、匿名的なネットの文章には「本音」が露骨に現れているのかもしれません。また、ＡＩの学習データ量を稼ぐために偏見の強かった古い時代の文章がふんだんに用いられている可能性も捨てきれません。

理由はともあれ、感情を持たない生成ＡＩにまで不当な扱いを受けてしまうようでは、とてもではないですが「I be so happy」とはなりません。

14. DNAから見る「宇宙人」考

生命の奇跡。生物を研究すればするほど、その驚くべき精巧さに感嘆します。仮に原始の地球に戻り、進化をゼロからやり直したとしたら、果たして同じように複雑な生物が誕生するでしょうか。また、仮に誕生したとして、その生命体は私たちが知る今の生物と似ているのでしょうか。

この疑問は「地球外の宇宙に生命が存在するのか」という問いにも通じます。仮に宇宙人が存在するとしたら、彼らの姿は、どれほど私たちの姿に似ているでしょうか。会話は可能でしょうか。価値を共有できるでしょうか。

生物学的に考えてみましょう。地球上の生命の基本はDNAです。DNAには4種類の文字で表される塩基があり、ヒトでは塩基が約30億個並び、ヒトをヒトたらしめています。少しでも配列が異なれば、ヒトではなくなります。なにせ、ヒトとチンパンジーのＤＮＡ配列は99パーセント同じなのです。

裏を返せば、生物のＤＮＡは極端に限定された配列になっています。この事実から、次の２つの可能性が浮かびあがります。

①生物は絶妙な均衡のうえに成立しており、自由なＤＮＡ設計は許されない（＝針に糸を通すように厳選されて現在の姿になった）。
②生物進化史は数十億年と短く、ＤＮＡのありうる全配列が試行されたわけではない（＝場当たり的な暫定案を採用している）。

もし①ならば、宇宙に生物が存在する可能性は極めて低く、②ならば、ヒトとは似つかない宇宙人が存在する可能性が高まります。さて、どちらでしょうか。
２０２４年10月の「ネイチャー」誌に発表されたブロード研究所のゴサイ博士らの論文によれば、②が正しそうです。[*86]
博士らは、ＡＩを駆使してＤＮＡを設計するという大胆な試みを実施しました。生物のDNAをAIに学習させ、そこから「天然には存在しない新たなDNA配列」を創造させたのです。とはいえ、全DNA配列の生成はさすがに難しく、まずは、「シス調節エレメント」と呼ばれる特定のDNAに絞って設計を試みました。

結果は衝撃的でした。「マリノア」と名付けられたこのAIは、既存のDNAよりも高性能な配列を、それも複数見つけ出すことに成功したのです。

この事実は「現存生物のDNA配列は最適化されていない」ことを意味します。我らの偉大なる自然は奇跡の所業をやってのけたわけではない。私たちは、理想から程遠い、やっつけ仕事の産物だったのです。生物としてのプライド丸つぶれ。自然の雑な仕事ぶりがバレてしまった形です。

マリノアは犬種の名称です。警察犬としても活躍することから、DNAの可能性を「嗅ぎ回る」という意味で名付けられたのでしょう。しかしマリノアであれば、むしろ「生物の尊厳を守ってくれる警察であってほしい」と思ってしまった私は心が狭いでしょうか。まあ、どのみち私の心も最適化されていないのでしょうから、「心の狭さは仕方がない」として、ざわつく気持ちを落ち着けることとします。

【参考文献】

*1 Congdon, E. E., Ji, C., Tetlow, A. M., Jiang, Y. & Sigurdsson, E. M. Tau-targeting therapies for Alzheimer disease: current status and future directions. Nat. Rev. Neurol. 19, 715-736 (2023).

*2 Cheng, J. et al. Accurate proteome-wide missense variant effect prediction with AlphaMissense. Science 381, eadg7492 (2023).

*3 Castiglione, G. M. et al. Convergent evolution of dim light vision in owls and deep-diving whales. Curr. Biol. 33, 4733-4740.e4 (2023).

*4 Luppi, A. I. What anaesthesia reveals about human brains and consciousness. Nat. Hum. Behav. 8, 801-804 (2024).

*5 Laumer, I. B. et al. Active self-treatment of a facial wound with a biologically active plant by a male Sumatran orangutan. Sci. Rep. 14, 8932 (2024).

*6 Proteomic aging signatures predict disease risk and mortality across diverse populations. Nat. Med. 30, 2415-2416 (2024).

*7 Shen, X. et al. Nonlinear dynamics of multi-omics profiles during human aging. Nat. Aging 4, 1619-1634 (2024).

*8 Dove, A. et al. Anti-inflammatory diet and dementia in older adults with cardiometabolic diseases. JAMA Netw. Open 7, e2427125 (2024).

*9 Velazquez, R. et al. Lifelong choline supplementation ameliorates Alzheimer's disease pathology and associated cognitive deficits by attenuating microglia activation. Aging Cell 18, e13037 (2019).

*10 Cater, R. J. et al. Structural and molecular basis of choline uptake into the brain by FLVCR2. Nature 629, 704-709 (2024).

*11 Iaccarino, H. F. et al. Gamma frequency entrainment attenuates amyloid load and modifies microglia. Nature 540, 230-235 (2016).

*12 Oftedal, O. T. The mammary gland and its origin during synapsid evolution. J. Mammary Gland Biol. Neoplasia 7, 225-252 (2002).

*13 Allard, C. A. H. et al. Structural basis of sensory receptor evolution in octopus. Nature 616, 373-377 (2023).

*14 Pophale, A. et al. Wake-like skin patterning and neural activity during octopus sleep. Nature 619, 129-134 (2023).

*15 Benton, M. J. When life nearly died: the greatest mass extinction of all time. (2015).

*16 Ellis, S. et al. Postreproductive lifespans are rare in mammals. Ecol. Evol. 8, 2482-2494 (2018).

*17 Wood, B. M. et al. Demographic and hormonal evidence for menopause in wild chimpanzees. Science 382, eadd5473 (2023).

*18 Mora, C., Tittensor, D. P., Adl, S., Simpson, A. G. B. & Worm, B. How many species are there on Earth and in the ocean? PLOS Biol. 9, e1001127 (2011).

*19 Wiens, J. J. How many species are there on Earth? Progress and problems. PLOS Biol. 21, e3002388 (2023).

*20 Baldrian, P., Větrovský, T., Lepinay, C. & Kohout, P. High-throughput sequencing view on the magnitude of global fungal diversity. Fungal Divers. 114, 539-547 (2022).

*21 Herbst, C. T. et al. Domestic cat larynges can produce purring frequencies without neural input. Curr. Biol. 33, 4727-4732.e4 (2023).

*22 Aiello, B. R. et al. The origin of blinking in both mudskippers and tetrapods is linked to life on land. Proc. Natl. Acad. Sci. U. S. A. 120, e2220404120 (2023).

*23 Title, P. O. et al. The macroevolutionary singularity of snakes. Science 383, 918–923 (2024).

*24 DiMichele, W. A. & Phillips, T. L. The ecology of Paleozoic ferns. Rev. Palaeobot. Palynol. 119, 143–159 (2002).

*25 Testard, C. et al. Ecological disturbance alters the adaptive benefits of social ties. Science 384, 1330–1335 (2024).

*26 Smith, M. L., Bruhn, J. N. & Anderson, J. B. The fungus Armillaria bulbosa is among the largest and oldest living organisms. Nature 356, 428–431 (1992).

*27 Wang, B. et al. Identification of indocyanine green as a STT3B inhibitor against mushroom α-amanitin cytotoxicity. Nat. Commun. 14, 2241 (2023).

*28 Gerkin, R. C. & Castro, J. B. The number of olfactory stimuli that humans can discriminate is still unknown. Elife 4, (2015).

*29 Lee, B. K. et al. A principal odor map unifies diverse tasks in olfactory perception. Science 381, 999–1006 (2023).

*30 Coe, K. et al. Population genomics identifies genetic signatures of carrot domestication and improvement and uncovers the origin of high-carotenoid orange carrots. Nat. Plants 9, 1643–1658 (2023).

*31 Lake, B. M. & Baroni, M. Human-like systematic generalization through a meta-learning neural network. Nature 623, 115–121 (2023).

*32 Nilforoshan, H. et al. Human mobility networks reveal increased segregation in large cities. Nature 624, 586-592 (2023).

*33 Lupyan, G. What counts as understanding? https: //www. youtube. com/watch? v = 4HaaM8v7Lj0 (2024).

*34 Humans can intermittently respond to verbal stimuli when sleeping. Nat. Neurosci. 26, 1840–1841 (2023).

*35 Schulz, M.-A., Baier, S., Timmermann, B., Bzdok, D. & Witt, K. A cognitive fingerprint in human random number generation. Sci. Rep. 11, 20217 (2021).

*36 Matsuo, T. et al. Artificial hibernation/life-protective state induced by thiazoline-related innate fear odors. Commun. Biol. 4, 101 (2021).

*37 Bertenshaw, C. & Rowlinson, P. Exploring stock managers' perceptions of the human-animal relationship on dairy farms and an association with milk production. Anthrozoös 22, 59–69 (2009).

*38 Pardo, M. A. et al. African elephants address one another with individually specific name-like calls. Nat. Ecol. Evol. 8, 1353–1364 (2024).

*39 Tiegs, S. D. et al. Human activities shape global patterns of decomposition rates in rivers. Science 384, 1191–1195 (2024).

*40 Atari, M., Xue, M. J., Park, P. S., Blasi, D. & Henrich, J. Which humans? (2023).

*41 de Flamingh, A., Gnoske, T. P., Kerbis Peterhans, J. C., et al. Compacted hair in broken teeth reveals dietary prey of historic lions. Curr Biol. 34, 5104–5111. e4 (2024).

*42 Zhang, C., Wu, R., Sun, F., et al. Parallel molecular data storage by printing epigenetic bits on DNA. Nature 634, 824–832 (2024).

*43 Wilson, T.D., et al. Just think: The challenges of the disengaged mind. Science 345, 75-77 (2014).

*44 Yawata, Y. et al. Mesolimbic dopamine release precedes actively sought aversive stimuli in mice. Nat. Commun. 14, 2433 (2023).

*45 Shumaker, E. T. et al. Observational study of the impact of a food safety intervention on consumer poultry washing. J. Food Prot. 85, 615–625 (2022).

*46 Bonfield, J. & Galagan, J. Finishing the euchromatic sequence of the human genome. Nature 431, 931–945 (2004).

*47 Ragsdale, A. P. et al. A weakly structured stem for human origins in Africa. Nature 617, 755–763 (2023).

*48 Awasthi, A. et al. Synaptotagmin-3 drives AMPA receptor endocytosis, depression of synapse strength, and forgetting. Science 363, (2018).

*49 Navarro Lobato, I. et al. Increased cortical plasticity leads to memory interference and enhanced hippocampal-cortical interactions. Elife 12, (2023).

*50 Park, D. S. et al. The colonial legacy of herbaria. Nat. Hum. Behav. 7, 1059-1068 (2023) doi:10. 1038/s41562-023-01616-7.

*51 Crassard, R. et al. The oldest plans to scale of humanmade mega-structures. PLOS ONE 18, e0277927 (2023).

*52 Xia, Y. et al. Future reductions of China's transport emissions impacted by changing driving behaviour. Nat. Sustain. 6, 1228–1236 (2023).

*53 Efferson, C., Bernhard, H., Fischbacher, U. & Fehr, E. Super-additive cooperation. Nature 626, 1034–1041 (2024).

*54 Romano, A., Gross, J. & De Dreu, C. K. W. The nasty neighbor effect in humans. Sci. Adv. 10, eadm7968 (2024).

*55 Bromham, L., et al. Islands are engines of language diversity. Nat. Ecol. Evol. 8, 1991-2002 (2024).

*56 Davis, T. M. & Bainbridge, W. A. Memory for artwork is predictable. Proc. Natl. Acad. Sci. U. S. A. 120, e2302389120 (2023).

*57 Hawkins, R. D. et al. Flexible social inference facilitates targeted social learning when rewards are not observable. Nat. Hum. Behav. 7, 1767–1776 (2023).

*58 Sandra, D. A. & Otto, A. R. Cognitive capacity limitations and Need for Cognition differentially predict reward-induced cognitive effort expenditure. Cognition 172, 101–106 (2018).

*59 Mussel, P., Ulrich, N., Allen, J. J. B., Osinsky, R. & Hewig, J. Patterns of theta oscillation reflect the neural basis of individual differences in epistemic motivation. Sci. Rep. 6, 29245 (2016).

*60 Kührt, C., Graupner, S.-T., Paulus, P. C. & Strobel, A. Cognitive effort investment: Does disposition become action? PLOS ONE 18, e0289428 (2023).

*61 Mueller, C. M. & Dweck, C. S. Praise for intelligence can undermine children's motivation and performance. J. Pers. Soc. Psychol. 75, 33–52 (1998).

*62 Blakemore, C. & Cooper, G. F. Development of the brain depends on the visual environment. Nature 228, 477–478 (1970).

*63 Dikeçligil, G. N. et al. Odor representations from the two nostrils are temporally segregated in human piriform cortex. Curr. Biol. 33, 5275–5287.e5 (2023).

*64 Berdejo-Espinola, V., Zahnow, R., O'Bryan, C. J. & Fuller, R. A. Virtual reality for nature

experiences. Nat. Hum. Behav. 8, 1005–1007 (2024).

＊65 Hu, Y. et al. Human-robot facial coexpression. Sci. Robot. 9, eadi4724 (2024).

＊66 Tannock, G. W. Understanding the gut microbiota by considering human evolution: a story of fire, cereals, cooking, molecular ingenuity, and functional cooperation. Microbiol. Mol. Biol. Rev. 88, e0012722 (2024).

＊67 Wu, X. et al. Early pottery at 20, 000 years ago in Xianrendong Cave, China. Science 336, 1696–1700 (2012).

＊68 Ford, B. Q., Shallcross, A. J., Mauss, I. B., Floerke, V. A. & Gruber, J. Desperately seeking happiness: Valuing happiness is associated with symptoms and diagnosis of depression. J. Soc. Clin. Psychol. 33, 890–905 (2014).

＊69 Colwell, M. J. et al. Direct serotonin release in humans shapes aversive learning and inhibition. Nat. Commun. 15, 6617 (2024).

＊70 Mondoloni, S. et al. Serotonin release in the habenula during emotional contagion promotes resilience. Science 385, 1081–1086 (2024).

＊71 Kirova, A., Tang, Y. & Conway, P. Are people really less moral in their foreign language? Proficiency and comprehension matter for the moral foreign language effect in Russian speakers. PLOS ONE 18, e0287789 (2023).

＊72 Butlin, P. et al. Consciousness in artificial intelligence: Insights from the science of consciousness. (2023) doi:10.48550/ARXIV.2308.08708.

＊73 Shams, L. T., Föry, A., Sharma, A. & Shams, L. Big number, big body: Jersey numbers alter body size perception. PLOS ONE 18, e0287474 (2023).

＊74 Li, K. et al. Emergent world representations: Exploring a sequence model trained on a synthetic task. arXiv [cs.LG] (2022).

＊75 Pitt, B., Gibson, E. & Piantadosi, S. T. Exact number concepts are limited to the verbal count range. Psychol. Sci. 33, 371–381 (2022).

＊76 Frank, M. C., Everett, D. L., Fedorenko, E. & Gibson, E. Number as a cognitive technology: Evidence from Pirahã language and cognition. Cognition 108, 819–824 (2008).

＊77 Pahl, M., Si, A. & Zhang, S. Numerical cognition in bees and other insects. Front. Psychol. 4, 162 (2013).

＊78 Kutter, E. F. et al. Distinct neuronal representation of small and large numbers in the human medial temporal lobe. Nat. Hum. Behav. 7, 1998–2007 (2023).

＊79 Aslett, K. et al. Online searches to evaluate misinformation can increase its perceived veracity. Nature 625, 548–556 (2024).

＊80 Trinh, T. H., Wu, Y., Le, Q. V., He, H. & Luong, T. Solving olympiad geometry without human demonstrations. Nature 625, 476–482 (2024).

＊81 Guilbeault, D. et al. Online images amplify gender bias. Nature 626, 1049–1055 (2024).

＊82 Ciardo, F., De Tommaso, D. & Wykowska, A. Human-like behavioral variability blurs the distinction between a human and a machine in a nonverbal Turing test. Sci. Robot. 7, eabo1241 (2022).

＊83 Gamoran, A., Lieberman, L., Gilead, M., Dobbins, I. G. & Sadeh, T. Detecting recollection: Human evaluators can successfully assess the veracity of others' memories. Proc. Natl. Acad. Sci. U. S. A. 121, e2310979121 (2024).

＊84 Tseng, T., McLean, E., Pelrine, K., Wang, T. T. & Gleave, A. Can Go AIs be adversarially robust? arXiv [cs.LG] (2024) doi:10.48550/ARXIV.2406.12843.

＊85 Hofmann, V., Kalluri, P. R., Jurafsky, D. & King, S. AI generates covertly racist decisions about people based on their dialect. Nature 633, 147–154 (2024).

＊86 Gosai, S. J., Castro, R. I., Fuentes, N., et al. Machine-guided design of cell-type-targeting cis-regulatory elements. Nature 634, 1211–1220 (2024).

＊本書は、「週刊新潮」の連載「池谷裕二の全知全脳」（２０２３年６月15日号〜２０２４年12月12日号）を加筆修正して再構成、改題したものです。

池谷裕二　1970年静岡県生まれ。東京大学薬学部教授。脳研究者。2024年、『夢を叶えるために脳はある』で第23回小林秀雄賞を受賞。著書に『進化しすぎた脳』『単純な脳、複雑な「私」』など。

Ⓢ新潮新書

1084

すごい科学《かがく》論文《ろんぶん》

著　者　池谷《いけがや》裕二《ゆうじ》

2025年4月20日　発行
2025年6月10日　3刷

発行者　佐　藤　隆　信

発行所　株式会社 新潮社

〒162-8711　東京都新宿区矢来町71番地
編集部(03)3266-5430　読者係(03)3266-5111
https://www.shinchosha.co.jp

装幀　新潮社装幀室

印刷所　大日本印刷株式会社

製本所　加藤製本株式会社

©Yuji Ikegaya 2025, Printed in Japan

乱丁・落丁本は、ご面倒ですが
小社読者係宛お送りください。
送料小社負担にてお取替えいたします。

ISBN978-4-10-611084-9　C0240

価格はカバーに表示してあります。

新潮新書

1066 人生の壁　養老孟司

「嫌なことをやってわかることがある」「生きる意味を過剰に考えすぎてはいけない」――幼年期から今日までを振り返りつつ、誰にとっても厄介な「人生の壁」を超える知恵を語る。

1074 ギャンブル脳　帚木蓬生

借金まみれでもやめられない――〝沼落ち〟気質なのか脳の異常なのか。家族を苦しめ犯罪まで引き起こすギャンブル症のすべてを臨床歴三五年以上の精神科医が徹底解説。

991 目的への抵抗　シリーズ哲学講話　國分功一郎

消費と贅沢、自由と目的、行政権力と民主主義など、コロナ危機に覚えた違和感の正体に迫り、哲学の役割を問う。『暇と退屈の倫理学』の議論をより深化させた、東京大学での講話を収録。

1072 手段からの解放　シリーズ哲学講話　國分功一郎

楽しむとはどういうことか？　カントの哲学をヒントに、人間の行為を目的と手段に従属させる現代社会の病理に迫る。ベストセラー『暇と退屈の倫理学』に連なる、國分哲学の真骨頂！

1081 グルメ外道　マキタスポーツ

世間の流行や評価に背を向け、己の〝食道〟を追求する――これ即ち「グルメ外道」なり。「10分どん兵衛」「窒食」など独自すぎる食技法を比類なき言語化能力で綴る、異端のグルメ論！